完全圖解版

大人の彩妝課

メイクアップ

U0072070

專業好評

RECOMMENDATION

推薦序1

化妝不是複製，而是找到屬於自己的美麗

看到《大人の彩妝課【完全圖解版】》，就會想起我在為大家上課的時候，我會教所有學員把握彩妝最重要的一個概念，就是先認識自己的臉，仔細觀察自己的五官，並且打破所有先入為主的彩妝觀念。完全了解自己的輪廓後，再把基礎彩妝技巧學得更紮實，才有能力畫出流行的妝容，也才能夠表現出最適合自己跟最美的樣貌。

現在很多人會在網路上學習流行妝容，影片看起來非常簡單，但因為每個人的長相都是獨一無二的，其實並不容易模仿。而且，每個女人都有自己獨特的美，沒有一個人可以完全複製另外一個人。透過《大人の彩妝課【完全圖解版】》可以學習到最完整的概念，以及在基礎化妝技巧上如何充分展現你個人的特質，發現更多適合自己的技巧，並且為你的彩妝能力打下更紮實的基礎。

美妝維納斯

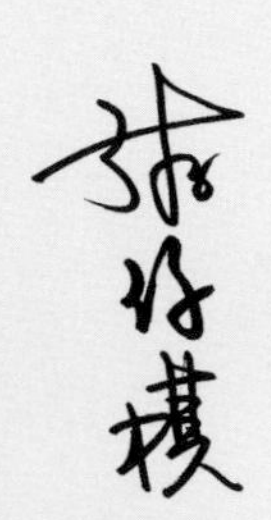

推薦序2

化妝新手、高手都需要的一本書

化妝，無非是希望呈現出更美的自己，在資訊取得十分便利的時代，大家對如何化妝多少都有基本概念，但是，想幫自己畫出精緻有質感的妝容，確實有一些關鍵性的化妝步驟和技巧，本書作者集結多年幫明星、藝人、素人新娘化妝和彩妝授課的自身經驗，用一對一教學般的圖文方式，帶大家學會適合自己特質的專屬妝容，也點出上妝時容易出錯的地方和徒勞無功、可捨棄的步驟，非常實用！了解化妝的加和減，不論時間充裕或緊迫，都能幫自己畫出效果最好的好感美肌妝。

照著本書步驟多加練習，妳也可以成為自己的專業化妝師，不論是想精進自己化妝技巧的妳，還是完全不懂化妝的妳，這本《大人の彩妝課【完全圖解版】》，妳絕對不能錯過！

專業彩妝造型師

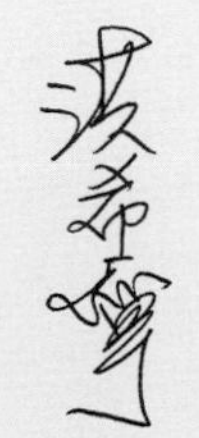

前言

INTRODUCTION

流行妝容這麼多，該如何學會適合自己的技巧？其實不難，只要學會一種妝容就可以了。重點在於「掌握正確技巧」，就能解決所有化妝的困擾，而且無論未來流行的妝容再怎麼變化，你也都能完美駕馭。

我在兩本前作和合作的雜誌中，都提到了我獨特的化妝方法，你可以先翻回前面仔細看看，雖然這些模特兒臉上都是同一種妝容，但完妝後卻能漂亮地展現出各自的特質。不覺得很不可思議嗎？

所以我深信，無論是洋溢著純淨魅力的20歲、充滿女人味的30、40歲，或是即將迎接60歲的出色前輩們，每個人都能從我的這套化妝術中看見「最美的自己」。

託大家的福，我也收到了「用老師的方法上妝後，第一次對自己產生自信」、「化妝變得更有趣了！」等來自各方的好評。另外，也有一些閱讀過我前作的讀者表示：「怎麼練習都還是無法掌握這裡的化妝技巧」或是「感覺還沒達到自己理想中最完美的樣子」。但由於沒有什麼機會能仔細地為大家解惑，也成了心中一直感到相當遺憾的一件事。

終於，我傾注全力的彩妝書問世了。

這本書除了沿襲過去我所教授的化妝基礎和重點外，更把這套深受青睞的化妝術，結合許多人表示「容易出錯的地方」、「文字難以說明與理解的部分」，全都化為清晰的步驟圖，就像我在你身邊進行教學一般。希望能讓你輕鬆理解並學習到基礎妝容的精髓，未來想畫上任何一種流行的妝容時，才能駕輕就熟。

除了學習到技巧外，如果還能幫助你領略到化妝的樂趣，那更是再好不過了！

CONTENTS

序章

為什麼無法滿足於現在的妝容呢？

第1章

化妝特訓實況轉播 完整傳授絕對變美技巧！

LESSON 1／妝前保養

LESSON 2／基礎底妝

LESSON 3／眼妝

LESSON 4／腮紅&唇妝

第2章

改變唇妝色彩享受樂趣 體驗化妝時的加與減

※所有彩妝價格皆為2020年7月的含稅價格。

序章

Makeup Principles

為什麼無法滿足於現在的妝容呢？

學化妝也需要刻意練習

在你身邊，有不少人都想把英文學得很好吧？

雖然文法和我們的母語不同，但不少人都會拼命學習，讓自己能說出一口流利的英語；相反地，大家好像不曾在意過自己的母語好不好，對吧？

隨著我們長大，自然而然地就會說母語了，然而，隨著長大，就會順其自然學會化妝嗎？

往整張臉抹上粉底液、臉頰刷上腮紅、睫毛刷上睫毛膏、嘴唇補上口紅，沒有人會弄錯上妝的部位，只要依樣畫葫蘆就好，所以沒有想過「原來我需要重新認識、學習化妝」，或是精益求精。而且很自然地認為，這就是我的風格。

當然，目前的妝容也不會造成太大的不便，但是，如同言談得體的女性，會無意中散發出氣質和魅力一般，能把母語使用得優美、流暢是需要刻意練習的，化妝也需要刻意練習。如果能畫出更適合自己的妝容，發揮自己的特質，就能變得更漂亮。

要透過妝容發揮自己的特質並不困難。首先，請先丟棄所有對於「化妝」既有的觀念，依照這本書的步驟，一邊確認效果、一邊練習，雖然剛開始會稍微花時間，但一定會逐漸進步。

慢慢的，你一定能能做到無時無刻展現出自己最美、最亮眼的模樣。

NAGAI'S THEORY 2

熟悉正確技巧就能隨時重現最美妝容

雖然很想畫出時下流行的妝容，或是嘗試使用特別的顏色為妝容增加亮點，但是，如果只是憑著自己的感覺去模仿，要重現電視劇或雜誌上的流行妝容，其實非常困難。就好像有些教學影片看起來非常簡單，實際上那也是彩妝高手們累積豐富經驗之後呈現出來的結果。

不過，並不是請大家「不要挑戰流行的妝容」，而是必須先好好地掌握基礎化妝技巧之後再去挑戰，這樣成功率才會大幅提升。

化妝是透過練習就能進步的技能，這點我在前面透過精進母語能力來舉例了，而流行的妝容，我想就以「穿搭」來舉例會比較好懂。例如，「想要嘗試稍微難一點的穿搭」，光是「想要嘗試」這點，就表示本身要先具有那樣的實力，也就是平時已經能穿出「基本風格」，化妝也是如此。「想要畫出流行妝容」的女性，大多數也有「能夠畫完全妝的自信」，也就是化妝的基礎實力很強。所以，首先要確實打好基礎，再將能力慢慢提升，這是一定要有的認知！例如想要畫出追求自然美的裸妝，如果底妝的功夫不夠，失敗的機率就會非常大。為了防止弄巧成拙，請確實學習基礎的化妝技巧吧！

此外，我也能理解你說：「每次都用大地色眼影、杏桃色腮紅，一點都不有趣。」但是，由大地色和杏桃色打造出的妝容，就像美人奧黛莉赫本一般，是不受限於年齡、流行，具有「永恆經典之美」。

這本書中提到的所有技巧，全部都可以應用在時下流行的妝容上。想看見更漂亮的自己，請先掌握本書的「好感美肌化妝術」吧！

了解化妝的「加」與「減」睡過頭也能輕鬆亮麗出門

我認為，睡過頭的時候，正是可以發揮「好感美肌化妝術」的最佳時機。

睡過頭＝沒時間。由於沒有多餘時間，因此不得不先解決最重要的事情。像是有些人認為來不及的時候，畫個眉毛就可以，有些人則是認為上個遮瑕就能出門。每個人都有「即使沒時間也想畫好的基本妝容」或是「不把這個部位處理好就不會出門」的執著。正因為睡過頭、沒時間，才能發現自己真正需要的妝容到底是什麼。

但反過來想，如果有充足的時間呢？

有的人因為擅長化妝，反而更容易「畫過頭」，而且，每個人對「要畫到什麼程度才會出門」的認知都不同。所以，我想在這裡說出我最真誠的建議：

每個早上都給我大大方方睡過頭吧！我真的是這樣想的（笑）。明明睡過頭，還把整張臉都好好地抹上粉底液，這樣做完全是浪費時間。

正因為時間不夠，才能瞬間判斷化妝時該著重的部分，以及可以省略的步驟；正因為時間不夠，所以才會去思考「這個部分要好好畫」或是「這個部分簡單帶過就可以」，這就是掌握化妝的「加」和「減」。

我想讓大家知道，有仔細畫就可以發揮最大效果的部位，也有太努力反而是白費力氣、甚至會出現反效果的部位。

我的「好感美肌化妝術」是除了透過幫明星、模特兒、素人、新娘化妝的經驗之外，更開設彩妝課程，確實經過許多人的驗證後，進一步理論化的結果。所有的過程都有它存在的意義。

並不是希望大家學會「偷懶」，但請不要忘記，當你睡過頭的時候，就是練習化妝的最佳時機。

著重能獲得絕對美麗的區域——美肌部位

我想大家都有看過雜誌或電視上的保養品和化妝品廣告，有發現幾乎所有的模特兒都是斜45度角對著鏡頭嗎？模特兒的「顴骨」會因為照到光源，整張臉看來閃閃發光，令人不禁發出驚嘆：「好美啊！」

前面有跟大家提到：「睡過頭的時候，就是練習化妝的最佳時機」，這是為了要傳達給各位「必須了解上妝時該加強的部分與可省略的步驟」。而其中最重要、最需要加強注意的，就是我所提出的「美肌部位」。

美肌部位是指「從眼睛下方到顴骨的寬度，並延伸到太陽穴為止」，只要搞定這個區域，想打造最美肌膚，不需要全臉上妝也能做到。

除此之外，美肌部位也是化妝品廣告中經常強調的「決勝部位」，是斑點、細紋、暗沉、黑眼圈等惱人問題經常發生的位置；和人面對面，或是坐在旁邊及斜對面的人，也都會無意間注意到這個地方。

再者，這也包含了顴骨最高處，所以這個部位看起來越高，臉上越會因為有了高低差，自然產生陰影，所以也是能夠打造出立體小臉的關鍵區域。

將「美肌部位」發揮到極致，就是「好感美肌化妝術」的基本。不過，我並不是要教大家「睡過頭時進行的最低限度妝容」，而是「為了將美肌效果發揮到極致、結合實務操作和理論分析之後得到的結果」。

想畫出美麗的妝容，請加倍注意「美肌部位」，這是能讓你的肌膚整體看起來美得驚人的「魔法區域」。但是，在這裡不只是塗抹粉底液而已，必須先確實地上飾底乳，修飾眼睛周遭的暗沉、遮瑕粗大的毛孔，這個前置作業非常重要。

希望大家能夠意識到，自己絕對還有更美麗的可能。

NAGAI'S THEORY 5

能充分展現個人特質的區域——眼睛部位

「眼睛」是最能充分展現個人特質的部位。

那是因為，每個人的眼睛形狀都獨一無二，卻也因為如此，很多人對於自己的眼睛產生了自卑感。

在我的化妝特訓中，只要一聊到眼睛的話題，就會聽見有學員感嘆：「唉，我是單眼皮」、「我是內雙，妝都會被吃掉」、「我的睫毛很稀疏」、「我有大小眼」等，對眼睛的抱怨接踵而來，甚至有人認為「這樣的我大概再怎麼會化妝也沒用吧！」

我在擔任雜誌的美妝企劃時也發現了，被選上的模特兒大多是雙眼皮的女性。

即使如此，我所提出的化妝術是不論雙眼皮、單眼皮還是內雙，不管眼睛大或小，每個人都能透過掌握原則來打造出美麗的雙眼。

例如「在眼皮上妝並作出陰影」、「眼線要畫在看得見的地方、看不見的地方就用補的」、「將睫毛夾翹到能看見根部」，這些都是為了能「打造出更美、更有魅力的雙眸」的萬用原則。

請大家不要忘記，我們的眼睛形狀是獨一無二的，這就是特質的展現，這代表你能夠呈現專屬於你、他人無法複製的美麗。

化妝的步驟就像是將小零件慢慢組合，最終，周遭的人還是會依靠「整體印象」來感受「美的程度」，所以，我們要學會的是能讓整體感覺最美的化妝技巧。也就是說，各位只要特別注重「美肌部位」與「眼睛部位」這兩個區域就好。

我保證，你一定能夠與至今為止從沒見過的、充滿自信的自己相遇。

BEAUTY COLUMN

Ⅰ

全日本最難預約的
化妝特訓！

每次特訓結束時，大家都閃耀著自信表情

我不將自己開設的化妝課稱為「課程」，而是稱之為「特訓」。這是因為我並非單方面的教導學員，也不會單純要求大家依樣畫葫蘆，而是讓來參與訓練的學員了解「為什麼要用這種方式來上妝」，並確實牢記在心。只要理解每個動作的原因之後，透過持續練習就能熟能生巧。所以特訓結束前，我會嚴格確認大家是否真正學會了（笑），不合格的話就不可以回家……（開玩笑的）。

因為我堅持不會讓任何一個學員在還沒學會之前，就糊里糊塗的下課，所以我一定會教到每個人都清楚了解自己為什麼要這樣畫，也是由於這樣的堅持，所以每次特訓結束時，大家都閃耀著充滿自信的表情，「感覺像是遇見全新的自己！」每個人都像這樣開心的跟我分享。

我將特訓時使用的方法全都記錄在這本書裡，手邊有這本書的你，盡情享受我的化妝特訓吧！

第1章

化妝特訓實況轉播！完整傳授絕對變美技巧！

Improve Skills

LESSON 1

SKIN CARE for MAKE-UP

妝 前 保 養

打造讓底妝服貼自然的「光澤肌」
首先熟練保養程序和保養品用量

你是否認為保養就是保養、化妝就是化妝，是兩件無關的事呢？請你再仔細地想想看，肌膚狀況好不好，是不是會影響之後在肌膚上進行的所有活動呢？保養得宜的肌膚，正是讓底妝服貼自然的根本。完妝後美麗與否，也都取決於第一步的肌膚保養。我們的目標是打造「不會脫妝的光澤肌」，因此絕對不要輕忽這個步驟，認真開始吧！

洗完臉立刻噴上噴霧式化妝水

第一層保養使用噴霧式化妝水。目的是透過保濕，讓整個臉部肌膚變得柔軟。請繞著整張臉噴，在臉上重複繞5～6圈，均勻滋潤臉部。

保養時，使用雙手是重要關鍵

接著將第二層化妝水大量倒在掌心，接著兩手互相搓揉，雙手掌心都充滿化妝水後，像洗臉般將雙手覆上臉頰，開始將化妝水均勻抹在整張臉上。不能只用單手或是手指，而是用雙手手指和掌心一起塗抹，這樣就不會漏掉臉部的任何一角。

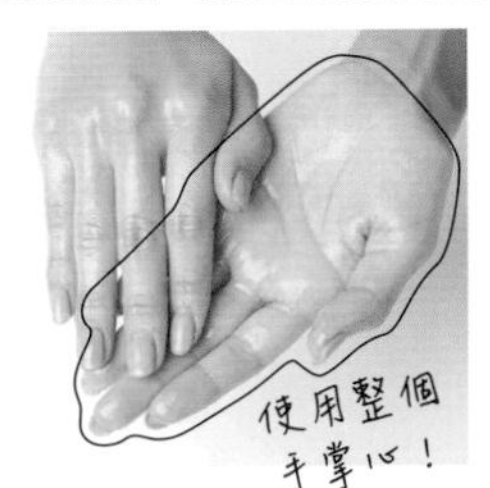

讓雙手手掌均勻沾滿化妝水

由於要用手掌心貼在臉上，使化妝水滲透進肌膚，因此要讓兩邊手掌均勻沾滿化妝水。小氣是大忌！

用量上，要像用化妝水洗臉般！

要捨得大量使用化妝水，約是包裝上建議用量的1.5～2倍。在手掌心倒出一個小池子的程度。

錯誤塗法

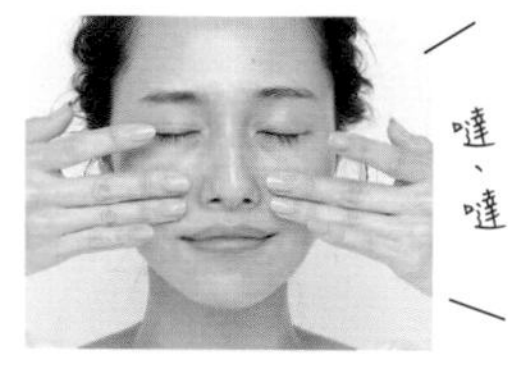

只使用指尖

讓化妝水均勻塗滿全臉，
要使用整個手掌心！

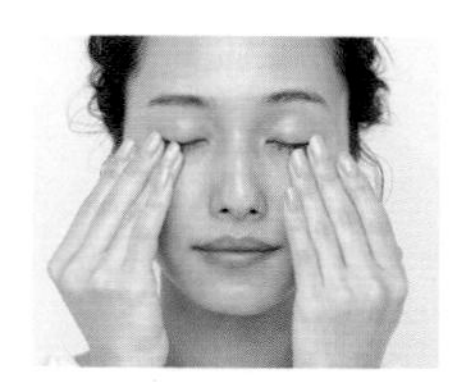

閉著眼睛塗

不睜開眼睛就塗抹不到
下眼瞼邊緣

太用力按壓

大力按壓肌膚，反而會
成為肌膚乾燥的原因！

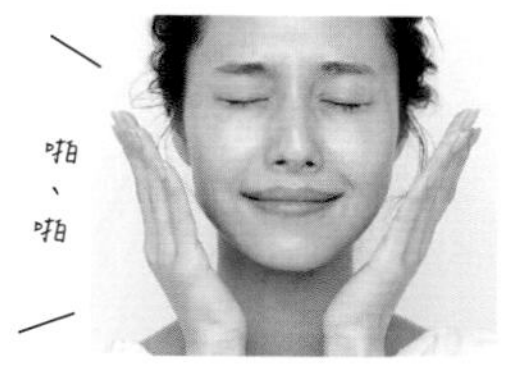

啪、啪地拍打

拍打會刺激肌膚，請避
免這樣做。

3

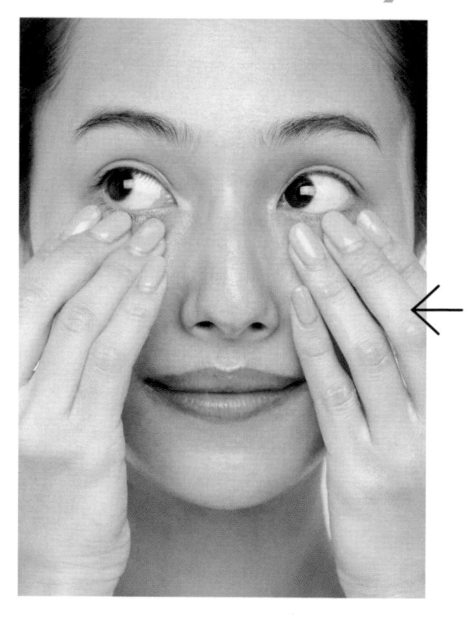

睜開眼**扮醜臉**※，用指腹按壓眼下

眼睛下緣是在保養的時候最容易被忽略的部分。為了將化妝水塗抹至眼睛下方接近黏膜的位置，塗抹時，眼睛看向上方，利用雙手的指腹輕輕按壓。持續確實的做這個步驟，兩週後眼下小細紋就會消失。也別忘了塗抹鼻翼兩側、耳後、下巴下方等部位。

【扮醜臉】……睜開眼睛向上看、拉長人中、做出吶喊般的嘴形，透過扮醜臉，讓臉部肌膚全都延展開，這樣塗抹保養品時就能防止「遺漏任何一角」，是超級重要的步驟。

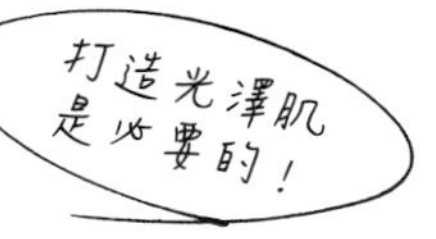

Q. 為什麼要打造**光澤肌**呢？

A1. 上妝超服貼！

A2. 不脫妝！

A3. 令人羨慕的光澤感！

5

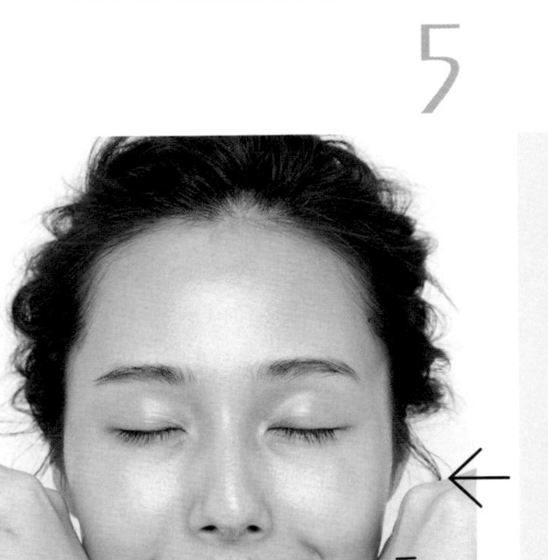

妝前保養完畢！
光澤肌打造完成

4

同步驟2,3的動作，將

精華液

防曬乳液

依序塗抹在臉上，
以打造**光澤肌**※為目標

一整年都能打造出**光澤肌**

濕潤	冬	潤澤彈性	夏	乾爽

將手背貼在臉上時，肌膚會微微吸附在手背上，有種好像手背「可以帶走肌膚」的感覺，就是最佳狀態的「**光澤肌**」，依溫濕度改變，感覺也會有所不同，夏天保養完的肌膚會再「乾爽」一點；冬天則會稍微「濕潤」一些。

【光澤肌】……表示肌膚保養結束時的最佳狀態。指的是將手背貼在臉上時，肌膚會稍微吸附在手背上，好像能夠「帶走」一般的彈潤水嫩感。

第二層化妝水

Second Lotion

第二層化妝水要選擇肌膚吸收性好、保濕能力強的。我們一般會以為保濕能力好＝質感黏稠，但並非如此，如果臉部保養後變得太黏稠，反而可能阻礙上妝。請準備一瓶能讓你毫不吝惜使用的化妝水吧。

具有優秀的保濕效果，添加具高鎖水力的銀耳多醣體以及野玫瑰葉精華，是能讓肌膚保持水嫩狀態的保溼化妝水。野玫瑰保濕化妝水 100ml ¥3800／WELEDA・jAPAN

曾得過數項最佳化妝品獎項，含小分子玻尿酸的高保濕化妝水，滿滿的滋潤感。潤澤活顏化妝水 180ml ¥2800／ORBIS

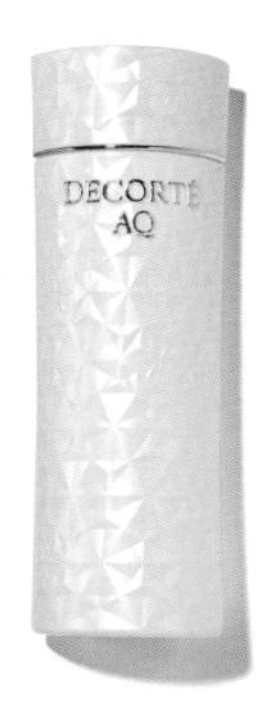

凝聚了富含天然礦物質、胺基酸、白樺樹液與樹皮精華的高濃度白樺水，是一款促進肌膚潤澤與彈力感的化妝水。AQ甦活潤膚露 200ml 台灣售價NT2900／黛珂DECORTE

第一層化妝水

First Lotion

第一層化妝水的任務是在洗臉後，作為肌膚與第二層化妝水之間的「橋樑」，目的是讓肌膚變得水潤柔軟。選擇質感輕盈、成分簡單的即可。希望保養第一步可以輕鬆地完成，因此「噴霧型化妝水」是最佳選擇。

皮膚科醫生所選用的法國湧泉水，富含對皮膚有益的元素「硒」，敏感肌膚者也能安心使用。溫泉舒緩噴液 150ml 台灣售價NT449／理膚寶水

含有豐富的維他命C，不限於洗臉後，是隨時都能使用的美白噴霧。無香料、無色素、溫柔鎮定肌膚。淨白噴霧125ml ¥2800／AYURA

以有機大馬士革玫瑰為基礎成分的化妝水。除了當化妝水使用，也可以作為髮妝水使用。LOGONA諾格那保濕醒膚噴霧化妝水（玫瑰）125ml ¥2900／LOGONA JAPAN

抗UV防曬乳液

Daily Milk

在我的「好感美肌化妝術」中，粉底與妝前乳只需要上在必要部位，因此，使用含抗UV成分的防曬乳液來作為肌膚保養的結尾是鐵則。由於是在底妝前使用，因此要選擇能展現肌膚最佳光澤感的乳液。

無添加紫外線吸收劑，有著如同精華液般的質感，不論是敏感肌或乾燥肌都能安心使用。超防護亮白隔離霜SPF50+ PA++++ 30g 台灣售價NT680／DHC

連長波UVA都加強隔離防護的清爽防曬乳液。皮膚科醫師指定推薦，敏感肌膚也能放心使用。全護清爽防曬液UVA PRO透明SPF50 PA++++ UVAPF (PPD)26 30ml 台灣售價NT980／理膚寶水

使用了絲瓜水與月桃等10種以上天然成分。不僅不黏膩，還能讓肌膚呈現自然透明感。Lar neo natural植物美白防曬隔離乳SPF24・PA++ 30ml ¥2760／霓奧蘭neo natural

精華液

Serum

有各種提供不同功效的精華液，依照個人需求來選擇即可。不過，比起單純只有美白效果的精華液，使用讓肌膚同時具有水嫩光澤感的全方位型精華液，完妝時會更漂亮。

質地濃厚卻不黏膩，能服貼肌膚，嚴選的油分與高分子猶如為肌膚輕罩上透明光澤，能使妝感更服貼。LUNASOL POSITIVE SOLUTION 30g ¥10000／佳麗寶

添加獨家的Moist Lift成分與月下香培養菁華EX，能充分滲透至肌膚角質層，讓肌膚變得緊實富有彈性。SOFINA Lift Professional時光無痕緊緻精粹升級版EX 40g 台灣售價NT1440／花王

從美容專科醫生的提拉手法發想，包含臉頰、法令紋、下巴，能夠讓整個臉變得更緊緻、緊實的美容液。Pro極速緊緻肌密全能精華50ml 台灣售價NT4500／雅詩蘭黛

LESSON 2

BASE MAKE-UP

基礎底妝

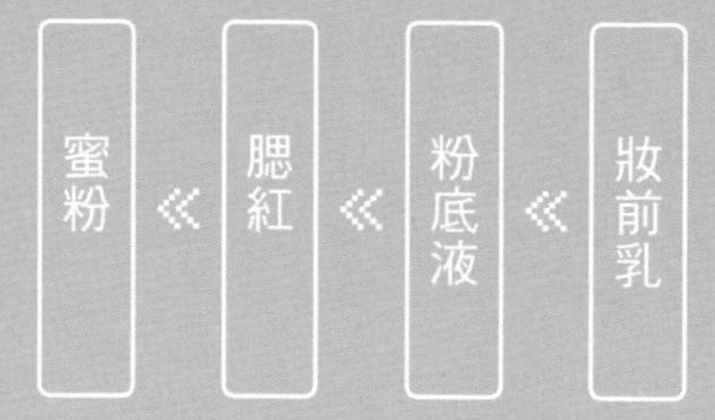

美的關鍵在於底妝成功與否，在這個步驟傾注全力吧。

相信大家已經聽我講過好幾次了，但請容我再說一遍。那就是，底妝「掌握了80%的美麗」這件事。若底妝化得不成功，就無法化出動人的妝容。從事美妝工作這麼多年來，這個想法越來越強烈。那麼，一起來打開這扇能得到終極之美的大門，那扇門就是——底妝。

妝前乳的塗抹法

注意範圍和用量
輕鬆塗抹即可！

在上粉底液之前，希望大家手邊準備好這兩種妝前乳。一種是校正膚色的粉色系飾底乳，一種是隱藏毛孔用的毛孔遮瑕霜。在肌膚保養最後一個步驟擦上的抗UV防曬乳液，會保護整個臉部，所以此時要塗抹妝前乳就不必太擔心，輕鬆塗抹就好。使用粉色系飾底乳與毛孔遮瑕霜，請參考以下兩頁圖中的使用量和必要塗抹的位置來進行。

商品詳細介紹請見 P.37

1

塗抹區域示意圖

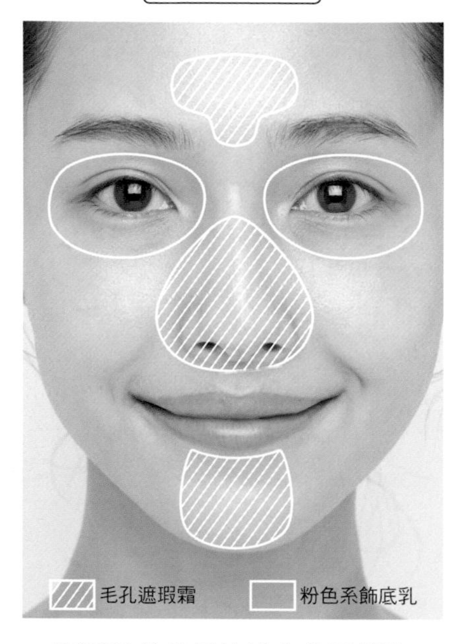

用指腹快速在眼睛周圍上飾底乳

使用粉色系飾底乳，不需要費力塗抹，正確方式是用指腹將飾底乳延展開來，如同要將眼睛周圍的暗沉都包覆起來一般。

兩種妝前乳只塗抹在必要部位

眼睛周圍的暗沉分佈意外地廣泛。將粉色系飾底乳確實地塗在眼周區域，修飾暗沉。並將毛孔遮瑕飾底乳以鼻子、鼻翼周圍為中心，塗抹在在意的區域即可。

側著臉檢查太陽穴的部分

位於視線死角的太陽穴可能會殘留沒塗開的妝前乳，輕輕地※用指腹觸碰確認，並稍微提拉一下太陽穴的位置。

經常發生塗了太多飾底乳的狀況

在這個步驟上粉色系飾底乳並不是為了要掩蓋肌膚問題，而是為了修飾肌膚暗沉。即使塗抹很多妝前乳也不會變白，所以請酌量使用。

【輕輕地】……指溫柔的輕觸。在此步驟是使用指腹，溫柔地輕拍。

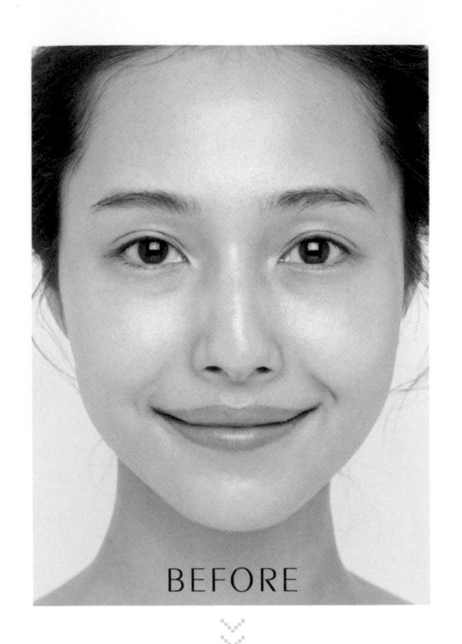

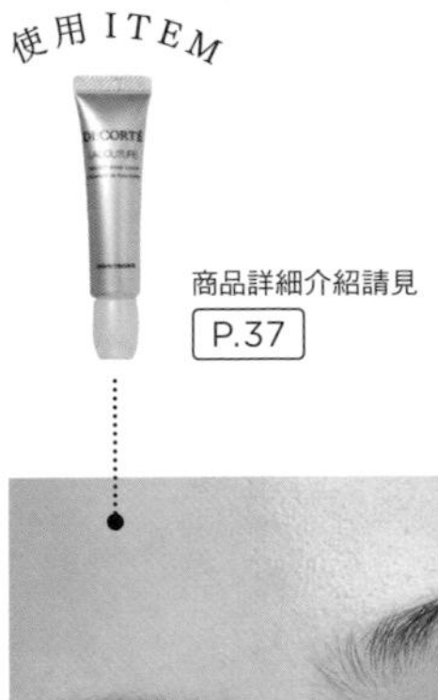

商品詳細介紹請見

P.37

2

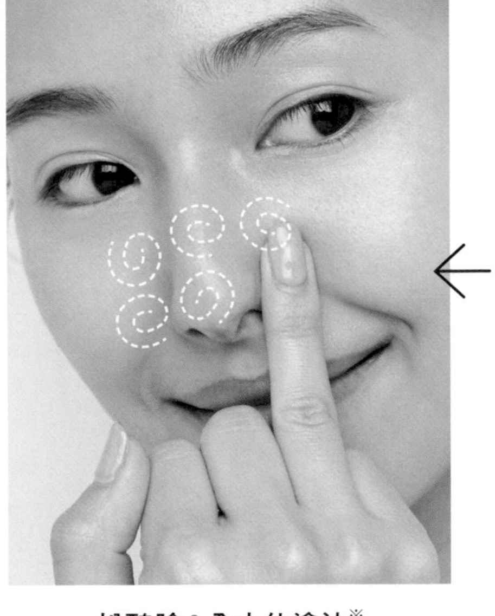

扮醜臉&全方位塗法※

由於毛孔是朝各種不同方向生長的，因此毛孔遮瑕飾底乳就以螺旋狀來塗抹。一邊做出**醜臉**，用最方便塗抹的表情，想著「這邊也要均匀擦到！」來進攻。

AFTER

不需要使用
毛孔遮瑕飾底乳的類型

- 粉底不會脫妝的人
- Ｔ字部位不會出油的人

【全方位塗法】……為了對付朝向各個方向生長的毛孔，毛孔遮瑕飾底乳也要兼顧各方。

毛孔遮瑕霜

Pore Cover

主要目的是為了將凹凸不平的毛孔撫平，抑制油脂，防止脫妝。另外，為了避免皮膚因為上了遮瑕而變得乾燥，因此要選擇保濕能力強的毛孔遮瑕霜。

模特兒使用

雖然質地清爽水潤，卻能隱藏各種毛孔大小，連黑頭粉刺也能瞬間隱蔽。舞輕粧毛孔隱形霜 15g 台灣售價NT850／黛珂DECORTE

富含保濕成分，質地黏稠，能修飾凹凸不平的肌膚，增添水潤光滑感。Maquillage Flat Change Base心機毛孔遮瑕膏 SPF15・PA++ 6g ¥2750／資生堂

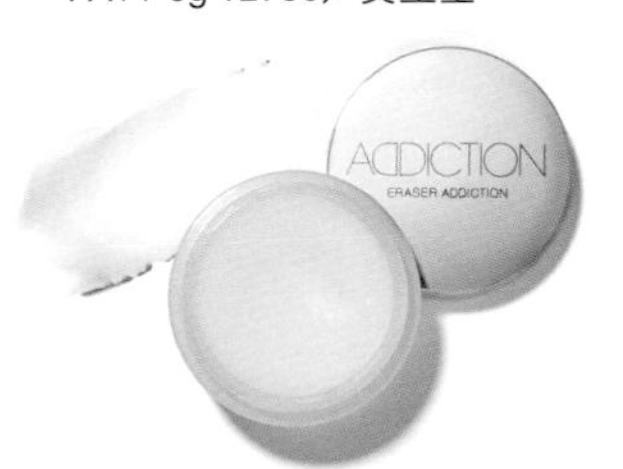

妝前妝後使用皆可，達到瞬間修飾毛孔和細紋，在凹凸粗糙肌膚上創造柔焦效果。ERASER ADDICTION毛孔隱形霜 8g 台灣售價NT1100／ADDICTION

粉色系飾底乳

Pink Base

為了修飾肌膚暗沉，要使用帶點粉紅色的飾底乳。由於要使用在嬌嫩、容易乾燥的眼睛周圍，因此要選擇乳液狀且保濕能力強的類型。能一邊塗抹、一邊滋潤肌膚是最重要的。

模特兒使用

能與肌膚完美服貼、修飾暗沉、保持淨白透亮的粉色系飾底乳。彈力光澤飾底乳R PK100 SPF25・PA++ 30ml ¥5000／ELEGANCE

擊退暗沉，展現透明感的粉紫色，100%天然成分。ONLY MINERALS礦物美肌飾底乳SPF27・PA+++ 25g 台灣售價NT1200／YA-MAN

蘊含超過80％美肌成分，令肌膚散發出自然光澤效果。CANMAKE Juicy Glow Skin Base水亮光澤底霜02粉紅 SPF40・PA++ 20g ¥650／IDA Laboratories

粉底液的塗抹法

使出渾身解數！
專攻「美肌部位」

「原來粉底液不用塗滿全臉？」許多學員都會對這個技巧感到相當驚訝，好感美肌化妝術最重要的就是粉底液的塗抹方法。這個章節將介紹「肌膚一定會展現出200%的美麗」的「美肌部位」塗抹粉底液的技巧。想要把這個步驟做好，除了要正確把握美肌部位的範圍以及需要的塗抹量之外，也要重視粉底液的質感，以及選對用來吸附、塗抹粉底液的海綿。如果可以在美肌部位正確上妝，瞬間就能完成「會招來幸福的妝容」。這個步驟很簡單，請將技巧牢記在心，每天扎實地練習，一定能夠成功。

選擇延展性佳的

質地

×

×

○

將粉底液倒在手背上，如果看起來濃度不足，或是屬於慕斯型粉底的，都不適合用於好感美肌化妝術，請選擇濃度足夠、延展性佳的粉底液，近年流行的氣墊粉餅也是不錯的選擇。

選擇暗一個色號的

選色

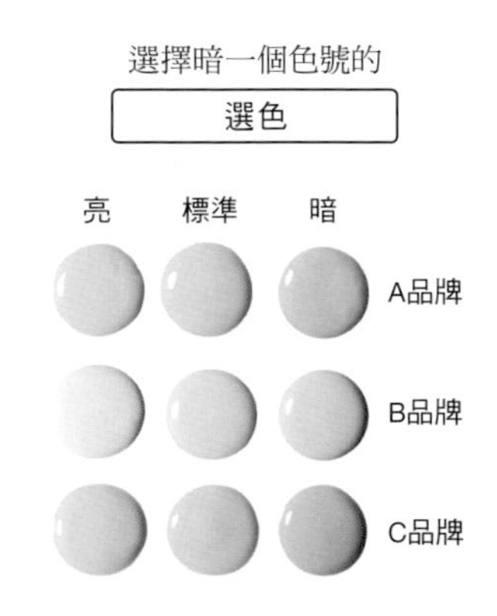

依照製造商不同，粉底的顏色也有如此大的差異。就算是被專櫃服務員說：「您的皮膚好白喔，選擇接近的色號就可以囉！」，請鼓起勇氣回應對方：「我想看暗一個色號的。」記住，一定要試塗在臉部肌膚或和臉部顏色接近的肌膚上，確認之後再選色，這點非常重要！

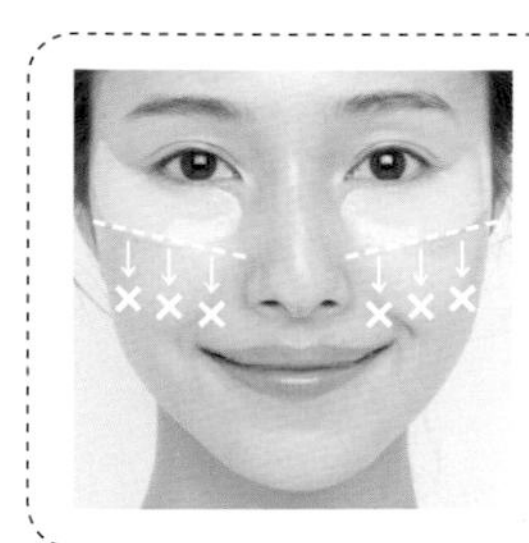

塗抹範圍從眼下到顴骨上方

從下眼瞼邊緣開始延伸約2指寬的範圍，就是美肌部位，如果再往下延伸，美肌效果會減半！

商品詳細介紹見 P.48

1

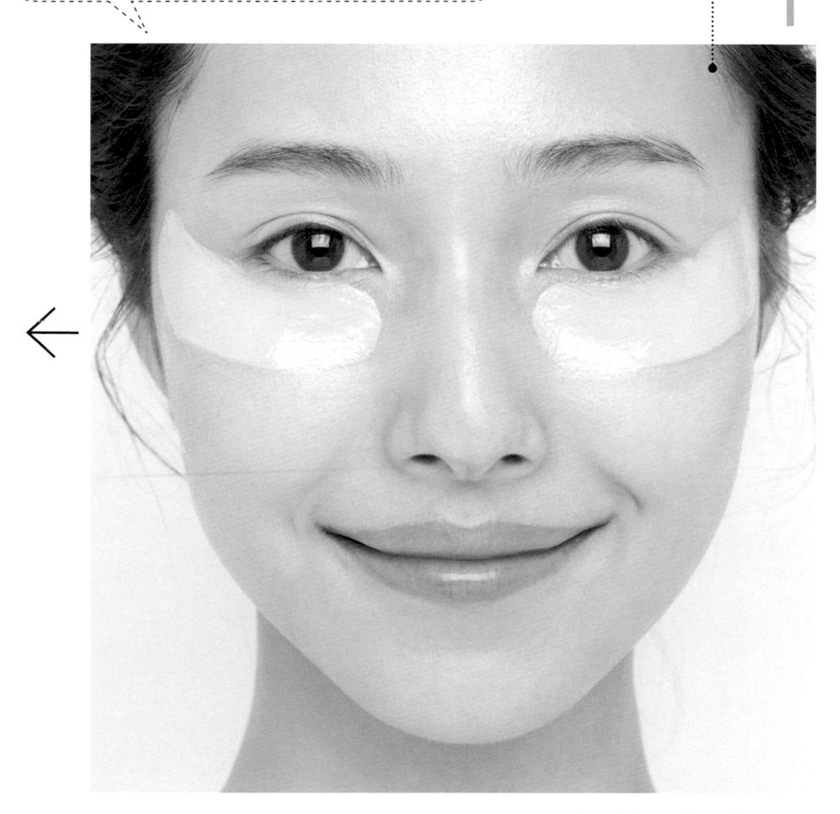

使用大量粉底液打造最強美肌

如上圖，美肌部位指的是「眼睛下方到顴骨最高點的位置，約兩個指頭的寬度，並且一直延伸到太陽穴」，請將粉底液大量塗抹在這塊區域。

粉底液塗得不夠多

在我開設的化妝特訓中，當學員告訴我「已經塗好了」的時候，超過九成的人都還是塗得不夠多。美肌部位要「以量取勝」，不要猶豫粉底液會不會塗太厚，大量塗下去吧！

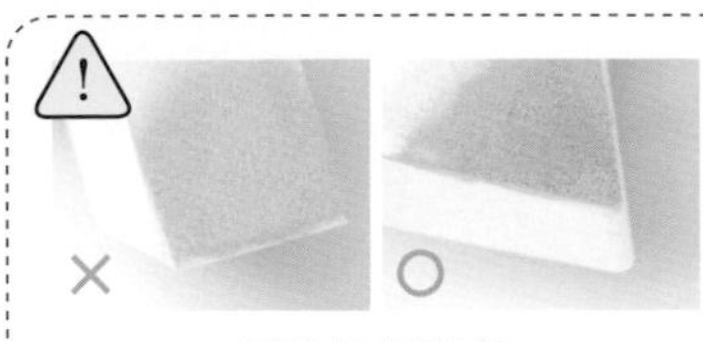

正確使用海綿

海綿有一面比較光滑，若使用那一面的話會無法確實上妝，要特別注意。

Q. 海綿沾了粉底液變得溼溼的，還能用在其他地方嗎？

A. **可以的！**

好感美肌化妝術在這之後還要使用這塊海綿來塗抹「腮紅」。

2

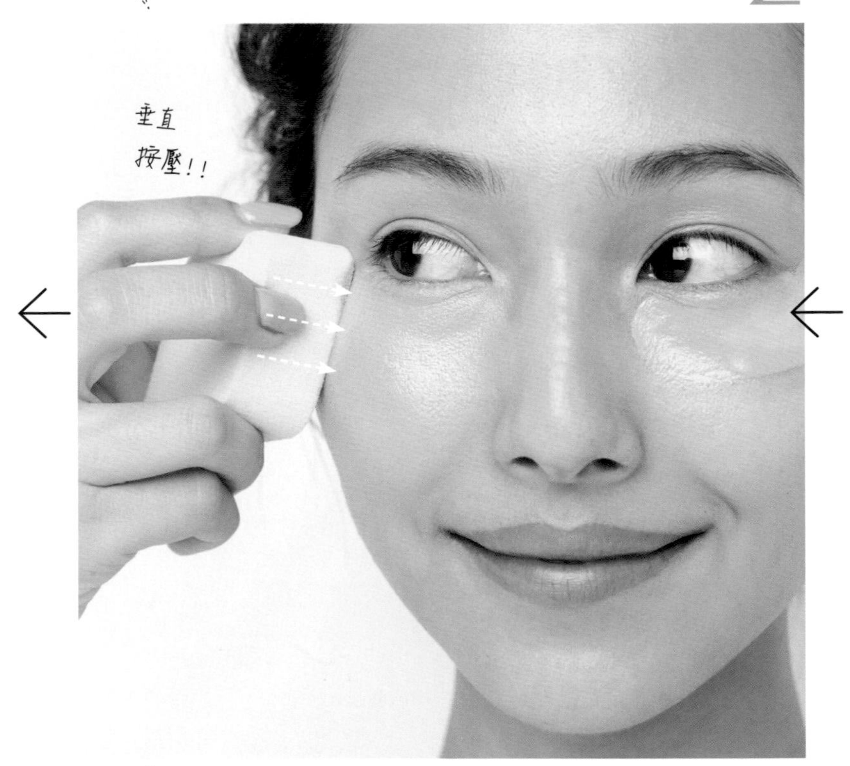

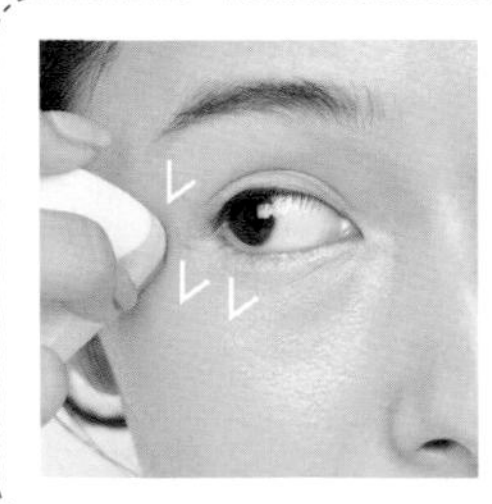

禁止V字塗抹

相較於畫V字般地推開粉底液，請以垂直方式按壓來微微推開粉底液，會更服貼。

像蓋章般，對著肌膚垂直按壓，讓粉底液更服貼！

在美肌部位塗抹粉底液的方式是——以「**印籠抓取法**※」整個抓取海綿，像蓋章一般，**輕輕地**垂直按壓肌膚來讓粉底液更服貼。美肌部位要維持粉底液厚厚的狀態，絕對不能將它一直往外抹開，若是感覺目前的用量不夠，就再多補上一些粉底液。

【印籠抓取法】……不是只抓住海綿的一半或邊角，而是用手將海綿整個抓取來使用。

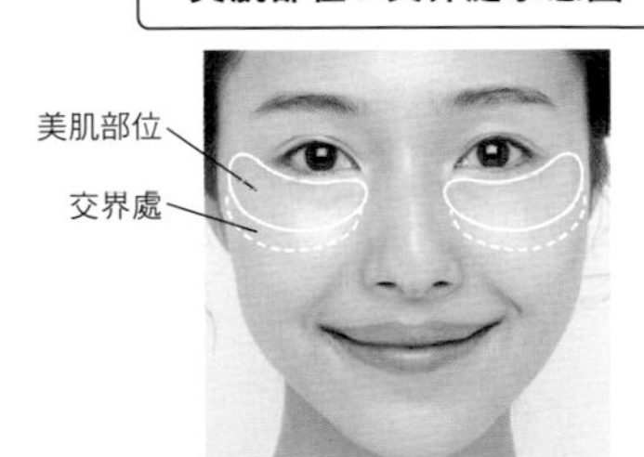

3

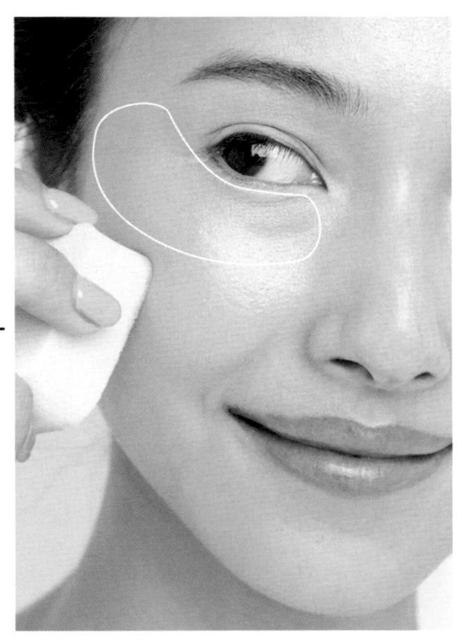

美肌部位與其他區域的「交界處※」

實線圍起來的區域就是美肌部位，要在那下方製造自然的**交界處**，連接其他區域。使用海綿上乾淨的一端，在還沒塗抹粉底液的區域輕輕按壓，就會產生自然的**交界處**了。

4

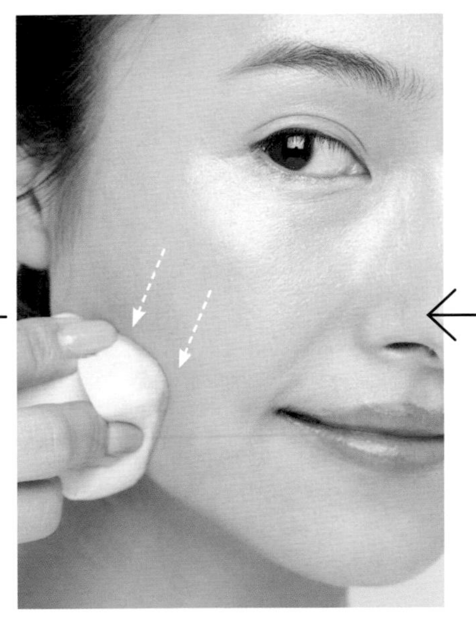

使用殘留在海綿上的粉底液完成最後步驟

剛剛塗抹完美肌部位的海綿上還殘留著粉底液，此時從交界處的下方，迅速由上往下，將殘留的粉底液擦上肌膚。注意！在這個步驟不需要再添加粉底液。

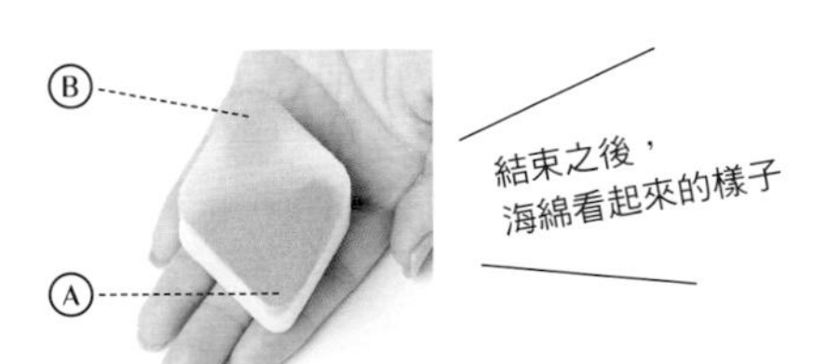

Ⓐ美肌部位使用的部分。
Ⓑ製造**交界處**使用的部分。

【交界處】……指「塗抹粉底液或腮紅的區域」和「其它區域」連接的部分。

商品詳細介紹請見
P.49

5

痘痘或令人在意的斑點就用棉花棒來遮瑕

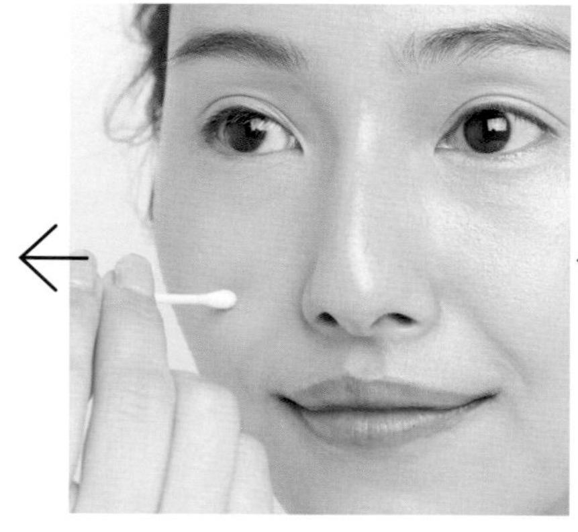

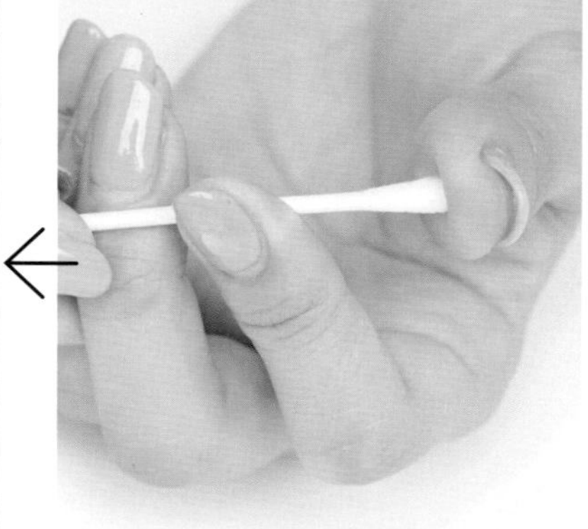

垂直點上遮瑕膏

在按壓平整的棉花棒頭沾上遮瑕膏，棉花棒要以垂直臉部的角度按壓在想遮瑕的地方，如此一來就可以鎖定修補的範圍。

將頭壓平的棉花棒是必需品！

在這個步驟中要使用的是棉花棒。首先將棉花棒頭用指腹垂直按壓，力道為手指會感到稍微疼痛的程度，讓棉花棒頭盡可能平整。

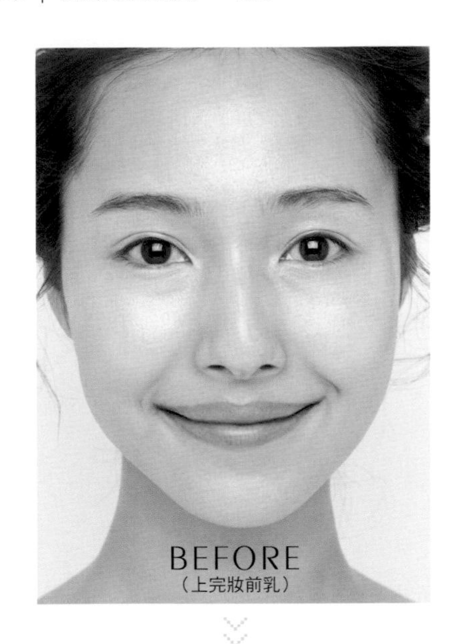

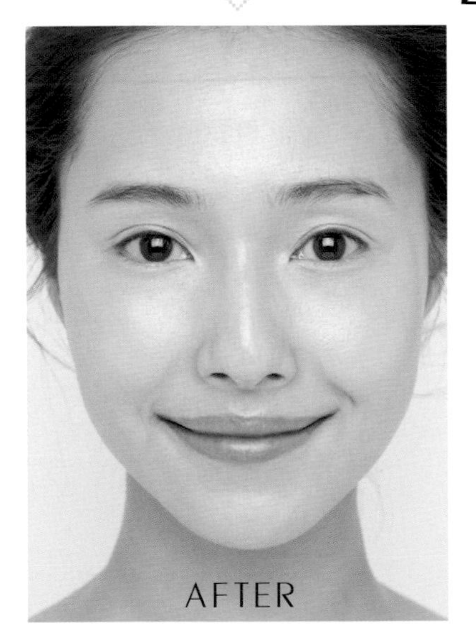

粉底液、遮瑕膏塗抹完成！

不要用手碰，請用海綿修飾

為了讓遮瑕膏更服貼，再利用剛剛塗抹粉底液的海綿，輕輕按壓修飾，絕對不能摩擦肌膚！

畫打底腮紅的方法

為了避免
「到了下午腮紅就掉光光」

「不是上完底妝才會開始畫腮紅嗎？」很多人都這麼認為。不過，在我的好感美肌化妝術中，「腮紅屬於基礎底妝的一部分！」因為腮紅也需要打底，而我選用腮紅霜作為打底腮紅。基礎底妝完成後還會再撲上一層粉狀腮紅。因為多了這個打底的步驟，就能夠避免「到了下午腮紅就掉光光」的困擾。畫打底腮紅的「部位、濃度、顏色」非常重要，抓住這幾個重點來選擇腮紅吧！

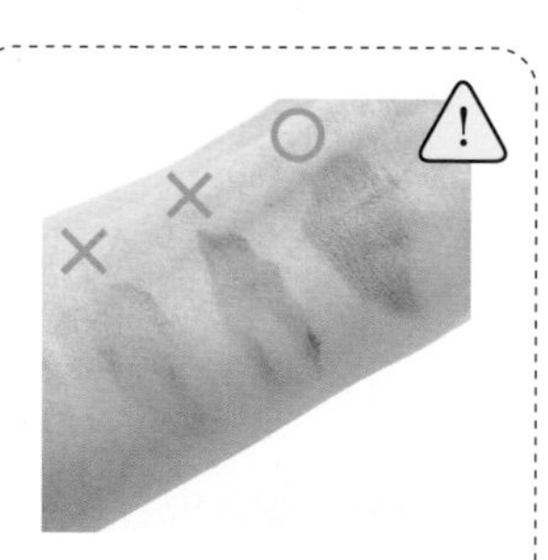

選擇適當的濃度

正因為是打底用的腮紅，選擇適當的質地很重要。在手腕上試色看看，如果抹上之後還會明顯透出原本皮膚的顏色，這種類型無法使用海綿上妝，就不適用於好感美肌化妝術。

塗抹區域圖

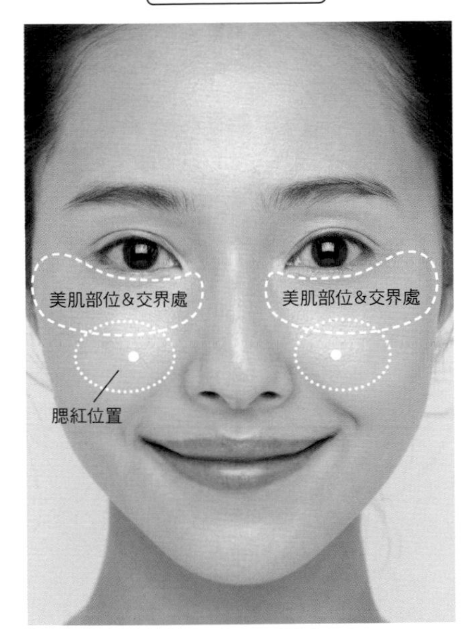

美肌部位的下方區域

確認打底腮紅上妝的部位。我們要將美肌部位的妝容漂亮地保留下來，因此盡量不要影響到它。將腮紅塗抹在稍微接觸美肌部位的高度，微笑時臉頰鼓起的最高點是最佳位置。

使用ITEM

商品詳細介紹請見
P.50

1

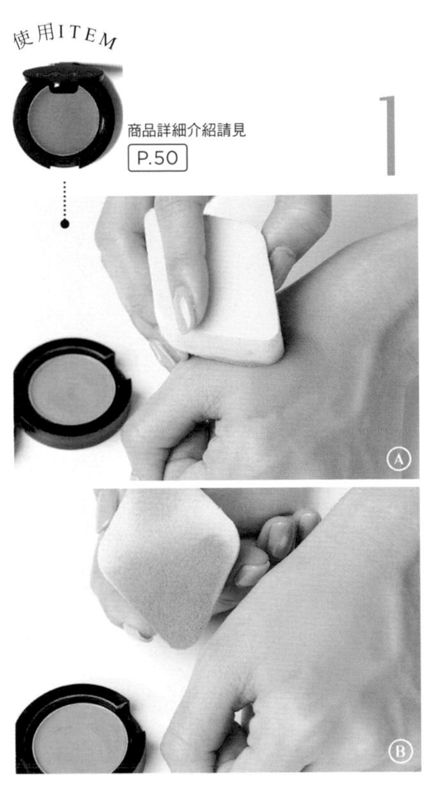

用海綿來上腮紅

Ⓐ不要用手直接接觸肌膚來畫腮紅。使用剛才塗抹粉底液時用過的海綿濕潤的部分，首先用指尖取一些霜狀腮紅到手背上，調整用量。Ⓑ以海綿沾取手背上的腮紅，確認和粉底液均勻混合，接著將腮紅霜塗抹到臉頰上。

+1 技巧

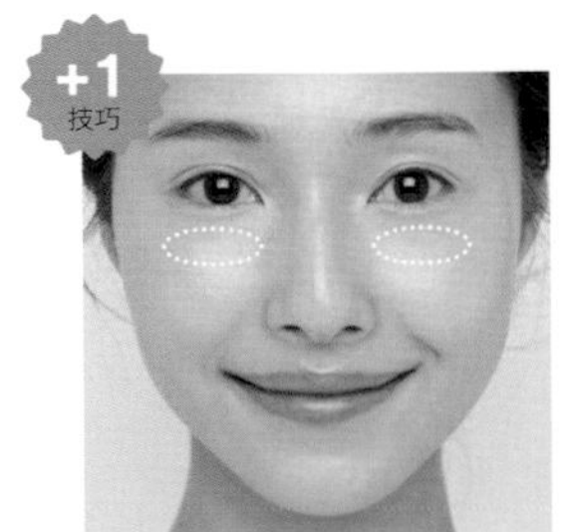

冷色調的粉色腮紅，請以小範圍擦在高處

使用冷色調的粉色腮紅時，要上比上方的腮紅位置再多蓋住美肌部位一點點的地方，如左圖。雖然這類顏色的腮紅不容易駕馭，但只要以小範圍擦在高處就絕對不會失敗。

2

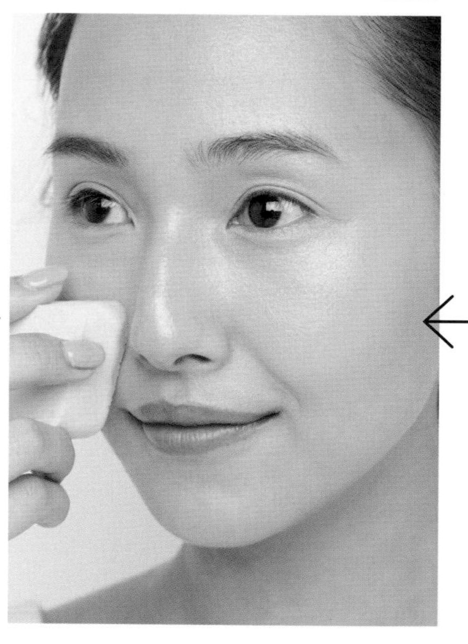

跟上粉底液時相同的按壓方式塗抹

不要用海綿直接磨擦皮膚，而是**整個抓取**海綿，接著溫柔地以按壓方式塗抹腮紅。保持在鼻翼稍微上方一點的位置，仔細地輕輕按壓，維持小的橢圓狀。

3

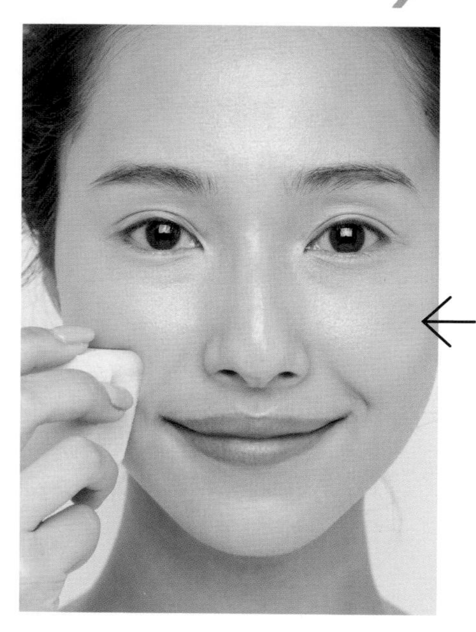

腮紅也要打造出自然的**交界處**

在美肌部位下方，跟製造出自然的粉底液**交界處**時一樣，海綿使用剛剛按壓腮紅的另一側，開始輕輕按壓臉部腮紅的周邊。按壓時要避開腮紅的上側，因為會接觸到美肌部位，只要修整腮紅的下側即可。

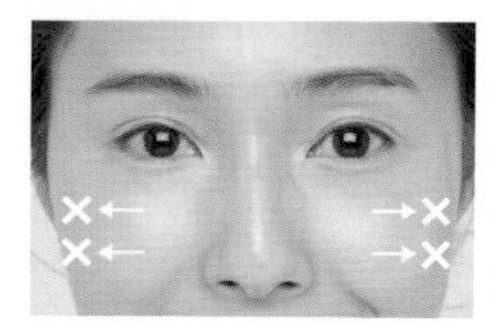

⚠ 不要往外塗抹

打底腮紅會成為之後粉狀腮紅的基底，塗抹時儘量不要超出眼尾的寬度，若往眼尾外側塗抹的話，可能會有放大臉頰的反效果。

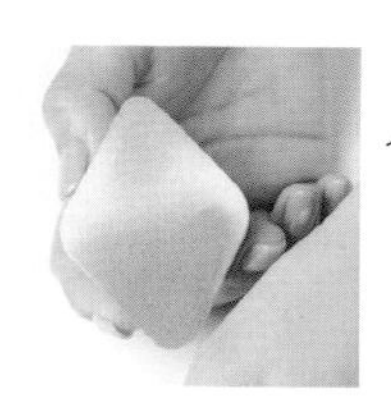

結束之後，
海綿看起來的樣子

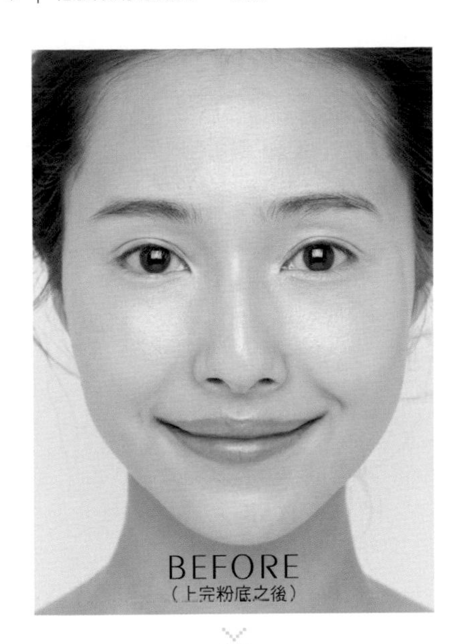

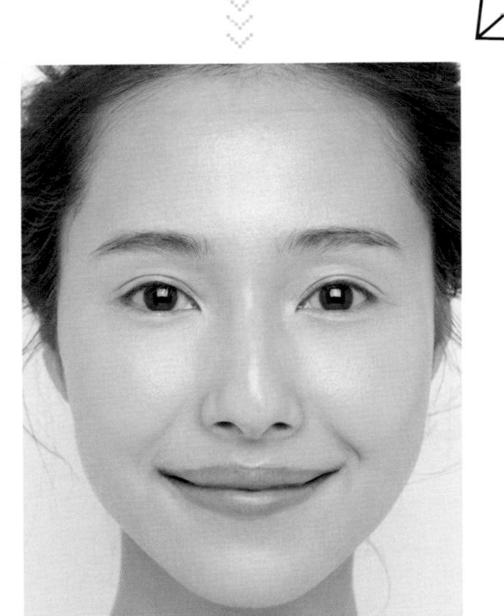

打底腮紅完成！

打造自然的好氣色很重要

打底腮紅的「濃淡」程度很重要。若上得太薄，過了一段時間就會掉光光，也就成為脫妝的原因；上得太濃，又會影響到之後上粉狀腮紅的狀況。請大家參考下圖，找到最適合的濃淡程度。

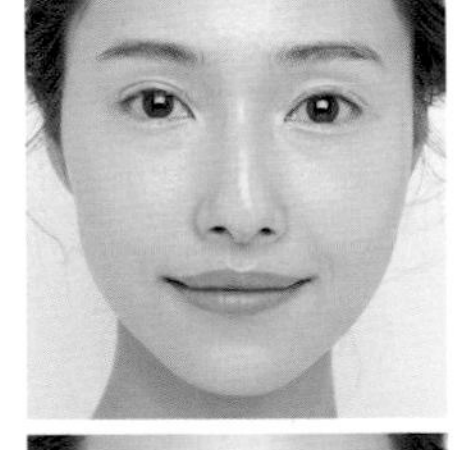

太薄！

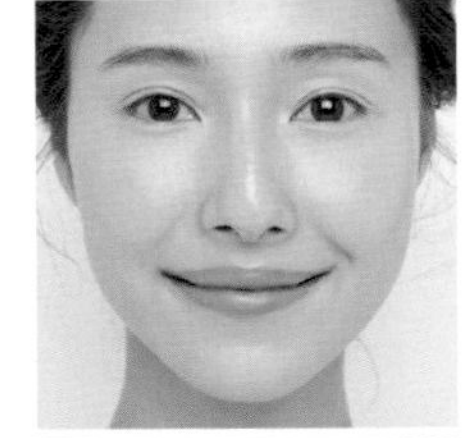

OK！

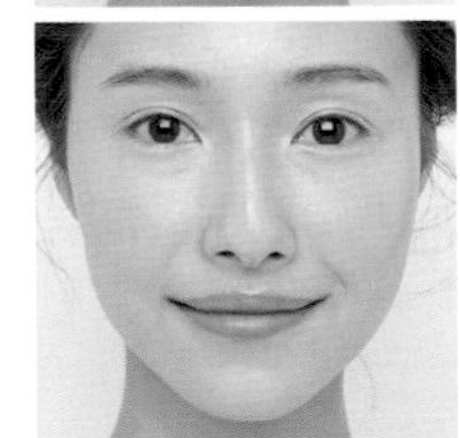

太濃！

粉底液

Liquid Foundation

太稀的粉底、慕斯型粉底以及強調快速揮發油分的粉底，都不適合用來打造美肌部位。乳霜狀且含水量充足的粉底液才是最佳選擇。

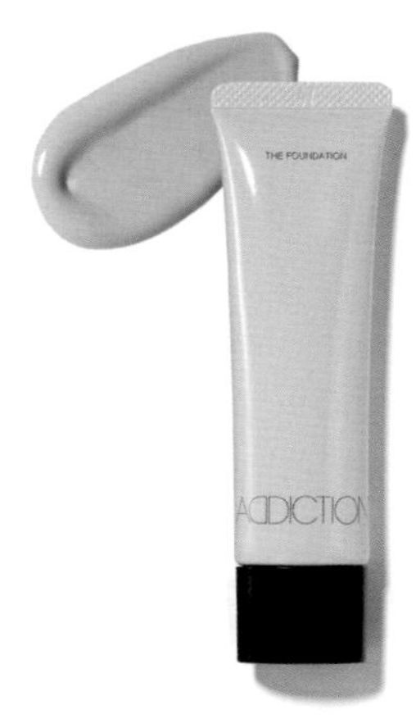

無香料，乳液般的質地，打造出最接近原生肌質感的極緻粉底液，多達17種色號可供選擇。晴癮粉底液SPF12・PA++全17色30ml ¥4000／ADDICTION 奥可玹

模特兒使用

使用後如同蒸過臉一般的高保濕粉底液，遮瑕力強，妝感自然。保濕潤澤粉底乳SPF23・PA++ 全7色30ml ¥6000／ELEGANCE

富含高濃度精華液成分，以礦物質粉末製作而成的粉底液。自然融入肌膚校正膚色。MiMC礦物液狀粉餅盒SPF22・PA++全5色 ¥7150／ MiMC

蘊含高濃度精華液成分的粉底液，質感滑順，塗抹後呈現半透明感的光澤肌膚。POWERCELL Foundation 悅活新生粉底液SPF15・PA++ 全5色30ml ¥11000／ Helena Rubinstein

遮瑕

Concealer

在使用棉花棒頭沾遮瑕筆修飾臉部瑕疵時，要根據需求挑選適合的質地類型，正確來說應該要選擇膏狀且具有一定硬度的類型，像是選擇遮瑕盤或是遮瑕筆就絕對不會錯！

模特兒使用

價格親民，但卻能完美服貼肌膚並修飾臉上的痘疤、黑斑及雀斑。黏著性恰到好處，非常好用。凱婷 KATE 零瑕肌密遮瑕膏 自然膚色 全2色 台灣售價NT280／佳麗寶化妝品

無論怎樣的色差或瑕疵，使用這款遮瑕組之後都能增加肌膚透亮感，三色一組，其中帶點紅色的粉橘色，更能將痘疤融入原膚色當中。誘光隱色遮瑕組 SPF25・PA+++ 台灣售價NT1200／IPSA

不會太厚重，也不會造成肌膚乾燥的優秀遮瑕膏。妝感持久，讓肌膚能長時間維持光亮潤澤感。亮采遮瑕膏 SPF33・PA+++ 全4色NT1400／COVERMARK

腮紅霜

Cream Cheek

用來打底的腮紅霜必須要有厚度，推薦選擇撲上粉狀腮紅之後還能維持色彩的腮紅霜。果凍腮紅或染色腮紅的質地都不適合拿來打底，請一定要好好確認質地後再購買。

緊密服貼於肌膚、不易脫妝，質地滑順，帶出溫暖柔和感的珊瑚色。蘋果肌腮紅棒02 台灣售價NT300／CEZANNE

模特兒使用

將高保濕精華液成分融入礦物質當中所製作出來的腮紅霜，為雙頰帶來鮮嫩色彩。礦物質腮紅霜07 ¥3300／MiMC

唇頰兩用的顏色，讓肌膚自然透出紅潤好氣色，推薦選擇不容易失敗的珊瑚粉色。純真唇頰彩N PK-4 台灣售價NT280（已換新包裝）／KOSE

能完美地貼合各家粉底液，誕生出如同天生好氣色的杏桃橙色。CANMAKE腮紅霜05 台灣售價NT300／IDA Laboratories

化妝海綿

Make-up Sponge

挑選有厚度、能絕妙地一邊吸收粉底液，一邊均衡延展的柔軟材質是上選。太薄或太硬的海綿，就無法確實將美肌部位上的粉底液均勻推開，要特別注意。

模特兒使用

20mm的厚度發揮緩衝效果，是一款能夠吸收粉底液的適當厚度。粉底液粉撲 菱型2入 ¥220 ／ROSY ROSA

製作成容易使用的菱形，能兼顧細節處理，觸感柔軟非常好用。超級專業化妝海綿粉撲（4入）¥1200／ESTÉE LAUDER雅詩蘭黛

蜜粉的使用方式

「鹽※」與「糖※」兩種蜜粉搭配得當就能打造出完美肌膚！

「咦？要用到兩種蜜粉？」為什麼我的化妝術要使用兩種蜜粉呢？那是因為這兩大類蜜粉的功能不同，雖然現在推出了許多標榜「塗抹完不需要上蜜粉」的粉底液，但考慮到能提升妝容的精緻度和持妝度，我認為撲上蜜粉是必須的步驟。而我將防止脫妝的一般蜜粉稱為「鹽」，將給予肌膚潤澤與光澤的礦物密粉稱為「糖」。打造美肌妝容和做料理也有相通之處。那麼，一起來掌握「鹽」和「糖」的使用技巧吧！

【鹽】……使用在抑制皮脂分泌時的一般蜜粉，我稱為「鹽」。顆粒細緻，質感清爽，能夠有效吸附皮脂以及水分。若想讓蜜粉更服貼肌膚的話，使用附贈的粉撲時，要將它摺起來之後再上妝。

【糖】……給予肌膚潤澤與光澤的礦物蜜粉，我稱為「糖」。推薦購買附贈蜜粉刷的產品。

完美搭配兩種蜜粉，打造出＼絕不脫妝／光澤肌

「鹽（一般蜜粉）」與「糖（礦物蜜粉）」使用區域圖

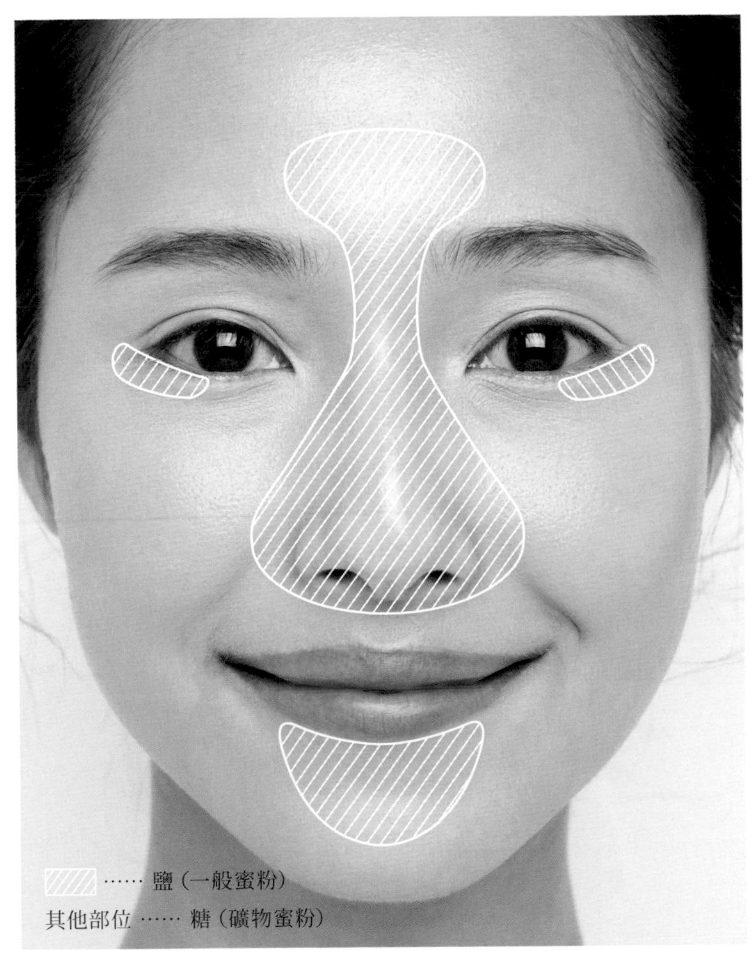

將鹽（一般蜜粉）撲在容易出油的額頭、鼻頭T字部位，以及要絕對避免脫妝的區域；糖（礦物蜜粉）則撲在想要保持潤澤及光澤的區域。看起來很單純，但如果能使用得熟練，化妝技術就會確實提升。

鹽(一般蜜粉)的使用方法

Lucent Powder

商品詳細資訊請見
P.60

1

撲在泛油光部位的是鹽(一般蜜粉)

將**鹽**（一般蜜粉）撲在T字部位、鼻翼等容易出油的地方，可以參考第53頁的區域圖來下手。重要的技巧是要「壓」，使用蜜粉撲的邊緣，仔細確實地進攻。

準備蜜粉撲

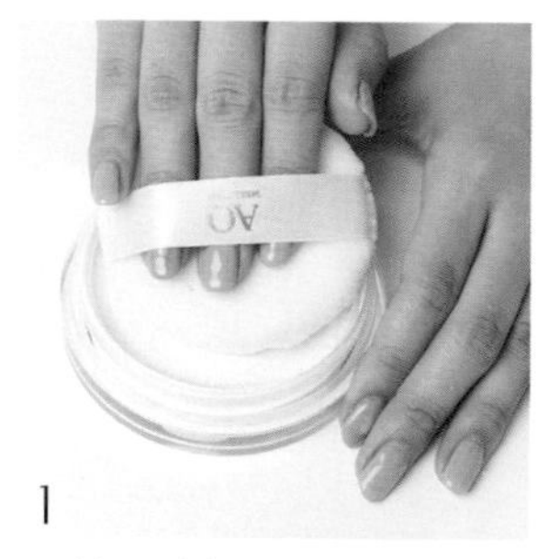

1

使用密粉撲沾取蜜粉

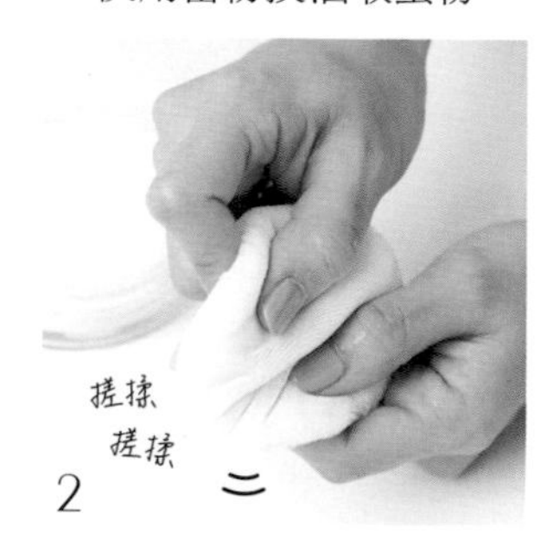

2

使蜜粉均勻分佈在粉撲中

為了防止上妝不均勻的問題發生，這個動作非常重要。直到熟練之前，可以再稍微多沾一點蜜粉，搓揉整個蜜粉撲，讓蜜粉均勻分佈。

以為已經搓揉均勻

為了讓蜜粉確實地均勻分布於蜜粉撲中，要不斷以各種方向搓揉粉撲才行。

不會上完整個眼妝的人，或是眼睛容易乾燥的人，就要混合鹽和糖蜜粉來使用

由於鹽（一般蜜粉）具有吸附油脂的特性，會讓肌膚變得較乾燥。因此在打造步驟 2 的**防波堤**時，不能只使用鹽（一般蜜粉），而是要混入糖（礦物蜜粉）一起使用，如此一來就能防止乾燥，也能避免眼線或睫毛膏暈開。

2

在眼睛下方打造**防波堤**※

為了防止眼線與睫毛膏沾染到眼睛下緣，要在下眼瞼邊緣撲上**鹽**（一般蜜粉）。使用小支的蜜粉刷，沾一些**鹽**（一般蜜粉），如同將粉「放上去」一般來撲粉。

3

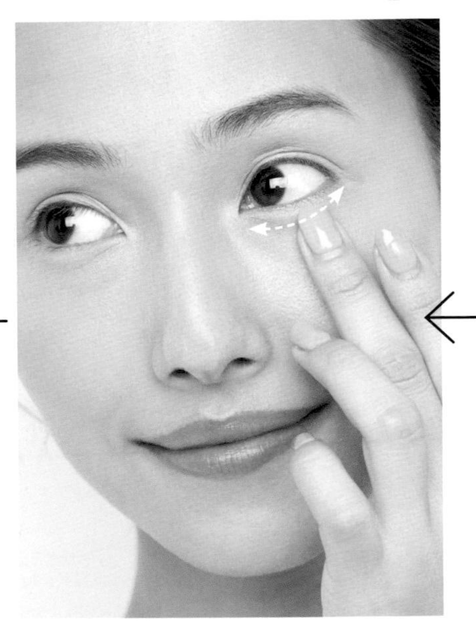

最後用手指迅速抹開

將製作**防波堤**使用的**鹽**（一般蜜粉），用指腹完全抹開※。不要刻意施力，用指腹如同雨刷般左右迅速移動，將蜜粉輕輕抹開與肌膚服貼。

【防波堤】……為了防止眼線和睫毛膏暈成「熊貓眼」，要將蜜粉「放在」下眼瞼。

【完全抹開】……不只是塗上去而已，接著要用指腹完全抹開，就能避免脫妝。

使用ITEM

糖（礦物蜜粉）的使用方法

Mineral Powder

商品詳細資訊請見
P.61

準備蜜粉刷

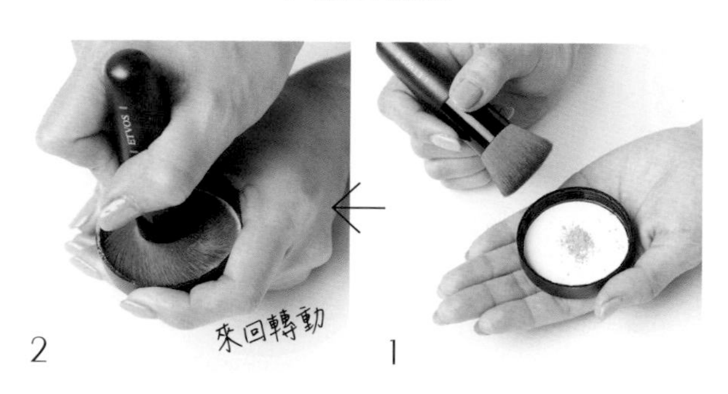

1 將蜜粉倒在蓋子裡

糖（礦物蜜粉）要用蜜粉刷來上妝，因此先將待會要使用的量倒在蓋子裡。

2 讓蜜粉刷沾滿蜜粉

將蜜粉刷壓在蓋子上來回轉動刷頭，讓蜜粉充分吸附在刷子上。

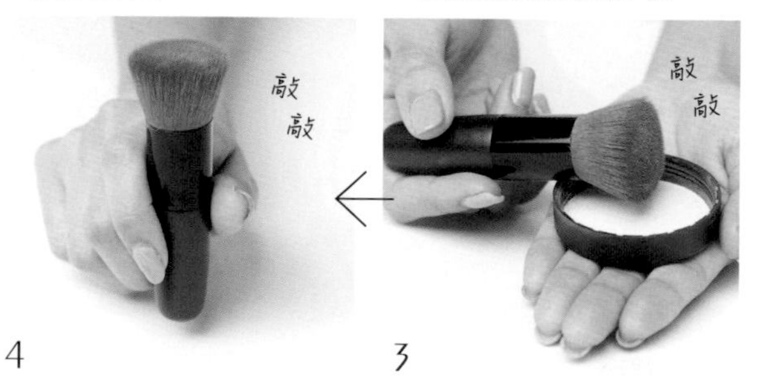

3 敲落多餘的蜜粉

以蜜粉刷柄靠近刷毛的部分輕敲蓋子的邊緣，讓多餘的蜜粉掉落下來。

4 讓蜜粉深入刷頭當中

最後，將蜜粉刷刷頭朝上，敲一敲刷柄底部，讓蜜粉能更深入刷頭當中。

Q. 要使用多少量的蜜粉才剛好呢？

A. 可以從比自己預估的用量再多一點開始。關於這一點並沒有訣竅，但是絕對不能省略將多餘蜜粉敲落的步驟，為了找到「最適合自己肌膚的用量」，請不斷嘗試吧。

1 美肌部位上礦物蜜粉

先從美肌部位下手

為了盡可能不讓美肌部位脫妝，要竭盡所能輕柔細心地上蜜粉。將蜜粉刷垂直對準肌膚，如同蓋章般，以輕輕按壓的方式來上蜜粉。

2 其他部位上礦物蜜粉

讓蜜粉為其他區域帶來光澤感

在美肌部位刷完蜜粉之後，接著在其他部位刷上蜜粉，可以參考第53頁的區域圖。同樣將蜜粉刷垂直對準肌膚，不是直接掃過肌膚，而是像蓋章般輕輕按壓。

3 V字掃除※多餘蜜粉

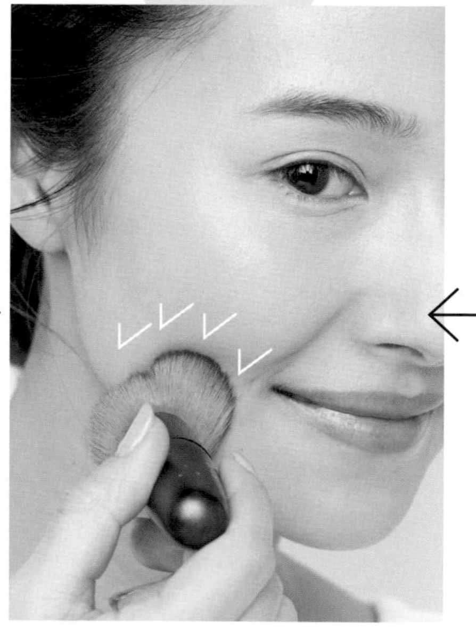

輕柔地畫V字，掃去臉上多餘蜜粉

使用刷具在臉上畫V字形，將多餘的蜜粉掃出。刷具垂直往下刷之後，再以手腕輕輕向上勾。不過，絕對不要在美肌部位做這個動作！

千萬不要碰美肌部位！

美肌部位正因為有「妝感」才顯得美麗，因此在畫V字掃除多餘蜜粉時要避開，絕對不能觸碰美肌部位！

4 繞圓輕刷

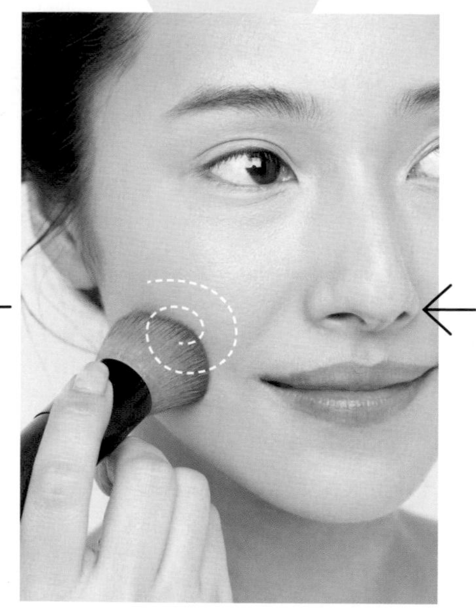

繞圓輕刷增加光澤感！

這個步驟也不要接觸到美肌部位，透過刷具將其他部位繞圓輕刷，讓肌膚變得更有光澤。同樣是將刷頭垂直貼合肌膚來進行，並且一定要輕柔地繞圓按壓。

【V字掃除】……刷上糖（礦物蜜粉）後，將殘留在肌膚表面多餘的蜜粉掃除的步驟。

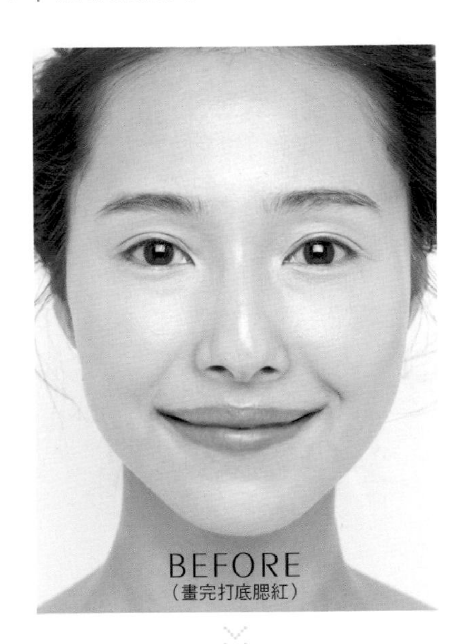

上完鹽與糖蜜粉！

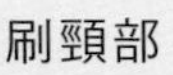

5

頸部也刷上蜜粉，連結臉部的光澤感

不能將臉和脖子分別看待。利用蜜粉刷上面剩餘的蜜粉，延伸刷至頸部，將頸部與臉的光澤連結在一起。從臉部的輪廓線往下刷，輕快帶過就能增添光澤感。

按照不同季節靈活運用蜜粉！

按照膚質或季節靈活運用鹽和糖蜜粉，混合使用也無妨。例如最近肌膚哪裡比較容易出油或乾燥，去調整兩種蜜粉混合的比例或是使用區域，就能完成最美的妝容！

鹽（一般蜜粉）

Lucent Powder

「鹽」就是一般蜜粉，是白色或粉色的粉末，但刷上肌膚之後會變成透明無色。最佳選擇方法是用指尖抓一小撮搓揉時，不會感覺顆粒參差不齊，而是能夠化開的蜜粉。

打造防波堤的刷子

模特兒使用

結實的扁平筆形眼影刷，這款可以將蜜粉緊密地吸附在刷毛上，也可以當成遮瑕刷使用。精密遮瑕眼影刷 ¥2800／bareMinerals

可以重點式解決肌膚煩惱的長度大小，刷毛能夠吸附大量粉末。除了遮瑕與打亮蜜粉之外，也可以廣泛使用在各處。Only Minerals細部扁頭刷具 台灣售價NT900／YA-MAN

模特兒使用

完妝後，肌膚宛如做了奢侈的保養般呈現柔和質感，粉末觸感棉柔細緻，能完美與肌膚貼合。AQ完美精質晶鑽光蜜粉30g 台灣售價NT6500（附粉撲）／COSMEDECORTE

注入Miracle Broth™濃縮精華，猶如粉雪般輕盈、柔軟。能夠如磁石般吸附於肌膚上，創造透薄妝容，使肌膚光芒四射。完美輕蜜粉 台灣售價NT3600／海洋拉娜DE LA MER

蜜粉本身的高遮瑕力打造出美麗的肌膚。加入能增加肌膚亮澤感的白淨無瑕粉末。晶采無瑕蜜粉17g 台灣售價NT2300／SUQQU

糖（礦物蜜粉）

Mineral Powder

以天然礦物質為主要成分，一般稱為礦物蜜粉。糖蜜粉的使用時機是在最後修飾時，為肌膚撲上一層「潤澤面紗」，選擇與自己膚色相近的色號就可以。

糖用蜜粉刷

模特兒使用

採用高科技纖維材質製作而成的親膚細緻刷毛，使用肥皂就能輕鬆洗淨。平頭刷頭可以垂直角度接觸肌膚表面，刷出輕薄服貼的完美妝容。粉底刷 台灣售價NT900／ETVOS

帶有角度的刷頭，完美服貼臉部輪廓，連臉部細節都能兼顧。斜角化妝刷 ¥3500／bareMinerals

模特兒使用

使用高細緻度的雲母，即使碰到皮脂也不會暗沉，輕盈透薄完美修飾毛孔細紋等問題。光澤清透防曬礦物粉底 SPF25・PA++ 全5色 5.5g 台灣售價NT1350／ETVOS

含礦物成分，粉末的外表，乳霜的觸感，輕輕一抹，完美服貼肌膚。透亮礦物粉底 SPF15・PA++ 全12色8g ¥3800／bareMinerals

100%礦物成分，對肌膚溫和，用洗面乳便能溫和卸除，標榜即使不卸妝直接睡覺也沒問題。Only Minerals礦物無瑕透氣粉底 SPF17 PA++・PA++ 全18色7g 台灣售價NT1370／YA-MAN

LESSON 3

EYE MAKE-UP

眼妝

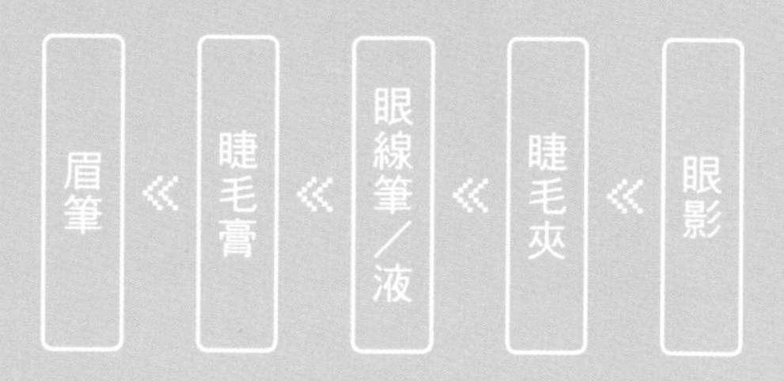

最美的眼妝
讓你閃耀全新自我

我的「好感美肌妝」並不只是打造美麗的底妝而已，在眼妝的部分則有「在眼瞼位置上棕色眼影」、「能放大雙眼在於配合眼睛形狀，夾出最佳角度捲翹的睫毛」、「請丟掉對眉毛的執著」等觀念或原則。也許與大家至今為止已經認識的化妝方式不同，但利用這些技巧，就能打造出自己最美的眼眸。是不是很令人期待？現在就開始試試看吧！

完妝就會
出現差異

絕對變美！眼妝的原則

在介紹化妝技巧前，我想傳授四個大家一定要記住的原則。
即使是化妝新手，只要遵守這些技巧，
完妝時就會明顯感受到差異！

捨去對單邊眼睛的執著，左右同時進行

你是先畫完一隻眼睛的妝、再畫另一隻眼睛的人嗎？很少有人兩隻眼睛形狀大小都一樣，所以如果兩眼分開畫，很容易執著於先上妝的那隻眼睛，接下來另一隻眼睛就很難畫出相同的妝感。因此要左右眼同步驟進行，即使是大小眼的人，也能輕鬆畫出有整體平衡感的眼妝。

不要太靠近鏡子，能照到兩眼的距離剛剛好

必須！
保持距離

想要左右眼同步進行眼妝，鏡子的距離非常重要，避免畫到最後演變成「見樹不見林」。若總是拘泥於眼線應該要這樣，睫毛應該要那樣……這些執著，會讓你漸漸偏離原本想畫出的感覺。試著把鏡子拿遠，看著全臉，好好確認整體的平衡才重要，化妝的決勝關鍵並不在一隻眼睛或一邊的眉毛，而是整體的印象。

先調過色 必須！

彩妝一定要先在手背上**調色**※後再上妝

要使用有顏色的彩妝品之前，一定要先在手背「調色」之後再上妝。若是直接上妝，就連專業彩妝師也會失敗。妝一畫上去之後就無法「倒帶」，但可以透過重複蓋上去讓顏色變濃，因此，請先養成在手背上調色的習慣。

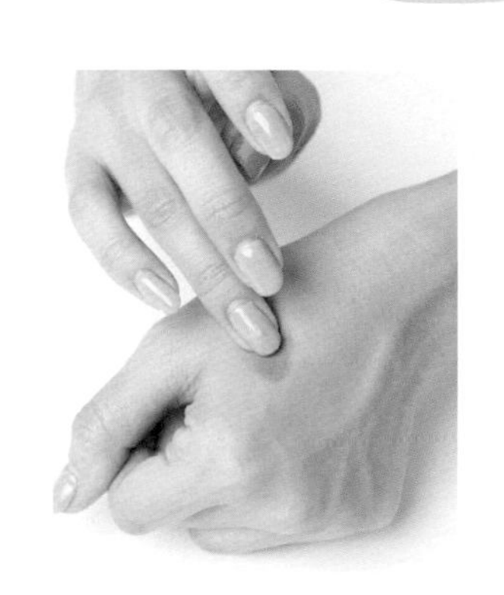

睜眼確認 必須！

上妝、睜眼、確認

一般化妝書上常常會寫著「塗抹至眼窩為止」或「塗抹整個上眼皮」等方法。但每個人眼睛的形狀大小都不同，所以有屬於自己適合的眼妝畫法。上眼妝之後一定要睜開眼睛確認整體妝感。並非一直閉著上妝的那隻眼睛直到畫完為止，要不時去確認睜開眼睛時看起來如何，關於這一點非常重要。

【調色】……使用有顏色的彩妝時，一定要先在手背上調色之後再上妝。

眼影的畫法

了解眼型
仔細塗抹讓眼睛深邃度大增

「眼窩是指哪裡呢？」許多學員的眼妝畫得不理想，是因為不夠了解自己的眼型。畫眼影的關鍵字是「仔細塗抹」，其中包含清楚了解自己的眼型。畫眼影的步驟並不複雜，首先，將米白色眼影塗抹在上眼皮，打好整體的地基，接著使用棕色眼影來營造深邃感，這時要特別留意睜開眼睛時整體妝感看起來如何，這才是最重要的。換句話說，只要有米白色與棕色，就能打造出自己史上最美的眼睛。勤勞練習，相信你一定會熟能生巧。

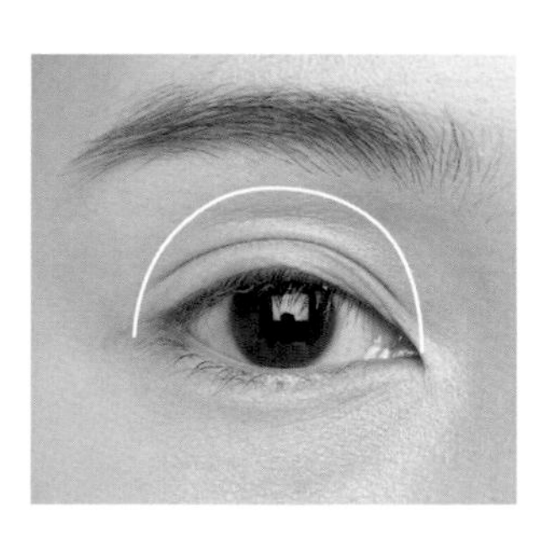

眉骨下方與眼球之間的凹陷處就是眼窩

只要好好把握眼窩的位置，就能更容易理解眼妝的畫法。也可從眼皮靠近睫毛處向上摸至眼球往下凹的地方，找到眼窩。

商品詳細介紹請見
P.74

使用米白色在上下眼瞼打底

功能是蓋住肌膚暗沉與色差

1

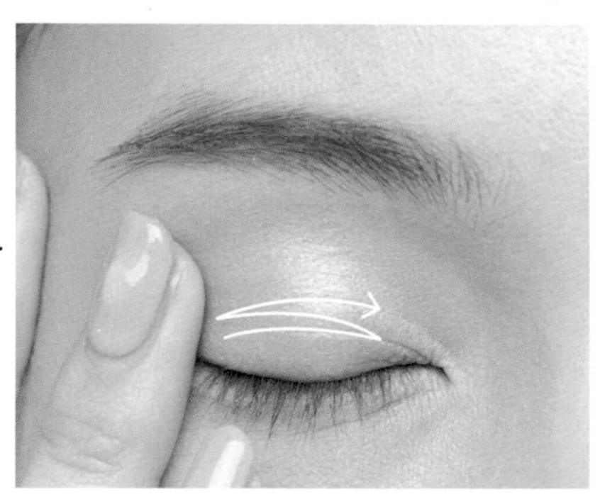

塗抹眼窩至眉毛下方

用無名指指腹沾取米白色眼影，如同雨刷一般，塗抹整個眼窩到眉毛下方的位置。確實打好基底，之後會更容易上色。

2

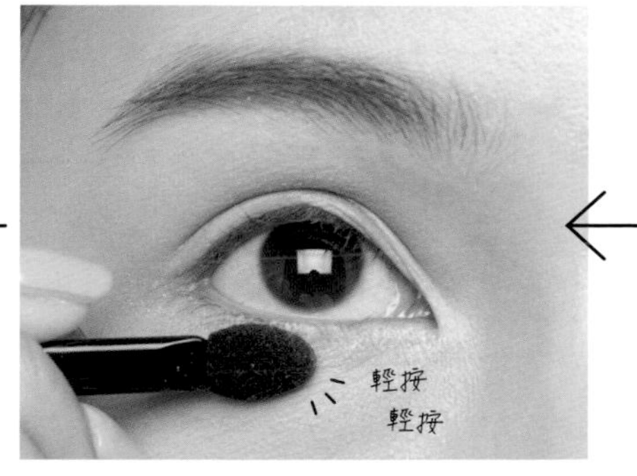

使用眼影棒在下眼瞼**輕按放置**※米白色

任何人都能擁有水潤的臥蠶，沒有好好表現的話實在是太可惜了。使用眼影棒沾取一些米白色眼影，如同將顏色「放上去」一般，輕按在下眼瞼處，就能製造出水潤的臥蠶。

+1 技巧

使用指尖
將眼影**完全抹開**

使用指腹輕輕將臥蠶下方的米白色眼影塗抹均匀，就能瞬間提升妝感自然度！

【輕按放置】……使用眼影棒單面整個沾取眼影，如同放上去一般上彩妝的輕巧手法。

雙眼皮　內雙　單眼皮

按照眼型分類　棕色眼影的畫法

不是執著在「塗抹幾毫米高的眼影」，
而是要確認「睜開眼睛時，兩眼妝感是否平衡」，
塗抹眼影前，絕對不能忘記「**調色**」。

內雙

閉上眼睛的樣子……

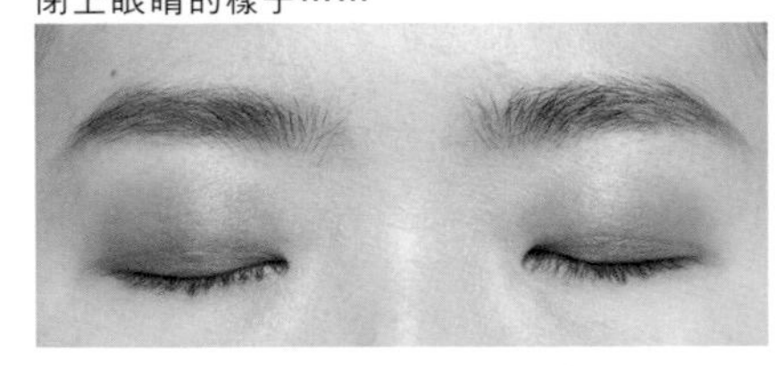

內雙眼皮的人，一部分的眼影會被吃進眼皮裡，因此塗抹的範圍要比單眼皮高一點，記得塗抹過程中要不斷確認整體妝感的平衡。

單眼皮

閉上眼睛的樣子……

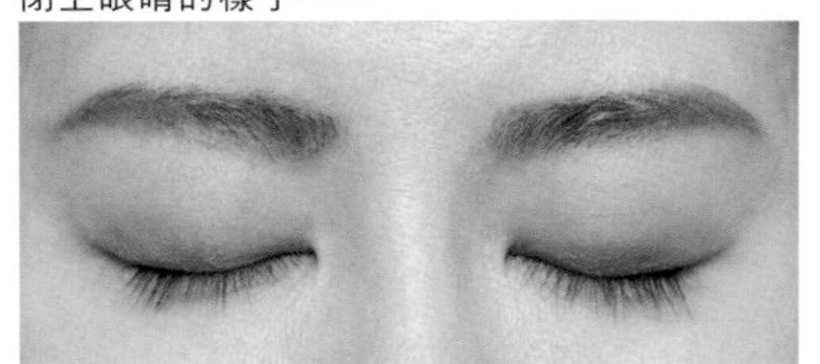

單眼皮的人，塗抹的範圍不必太大，眼睛睜開時能立刻感覺到妝感就可以。

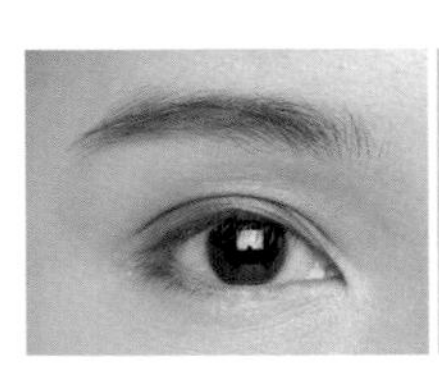

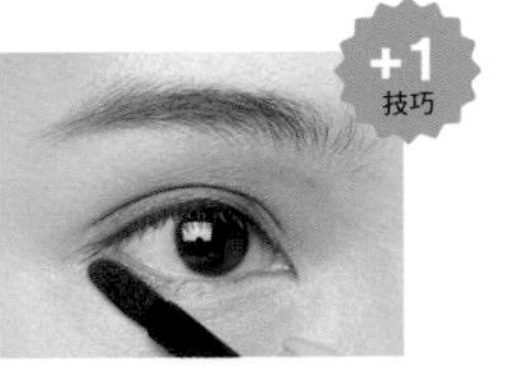

若想讓眼睛更有神，下眼瞼使用眼影棒來塗抹！

使用細的眼影棒將棕色眼影塗抹眼尾，以這個大小為基準，接下來就按照自己的眼睛形狀，再往眼珠方向稍微多畫一點，或是畫到下眼眶的一半，做細部調整。

AFTER

眼影塗抹完成！

雙眼皮

AFTER

閉上眼睛的樣子……

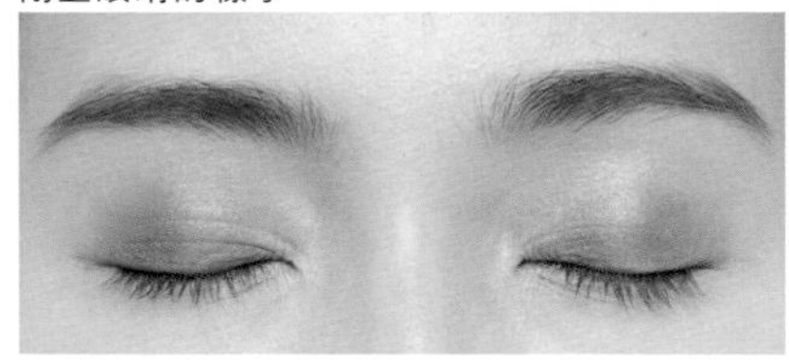

雙眼皮的人，棕色眼影的範圍要畫得比內雙的人再高一點，以眼窩為範圍來上妝。眼睛睜開時，妝感會更協調。

睫毛夾的使用方法

要讓雙眼變大，
成敗的關鍵在睫毛！

「好想讓眼睛看起來再大一點！」應該沒有人不想吧？如果想要讓雙眼看起來更大，一定要特別重視夾睫毛這個步驟。為什麼呢？因為只有睫毛變翹了，眼睛才會看起來更大。在我的課堂上，學員們常常發出驚呼：「哇！原來我的睫毛可以這麼翹！」不過，並非每個人都要從睫毛根部開始往上夾，首先了解自己的眼型，使用最適合自己眼睛形狀的夾睫毛方式才是更重要的！

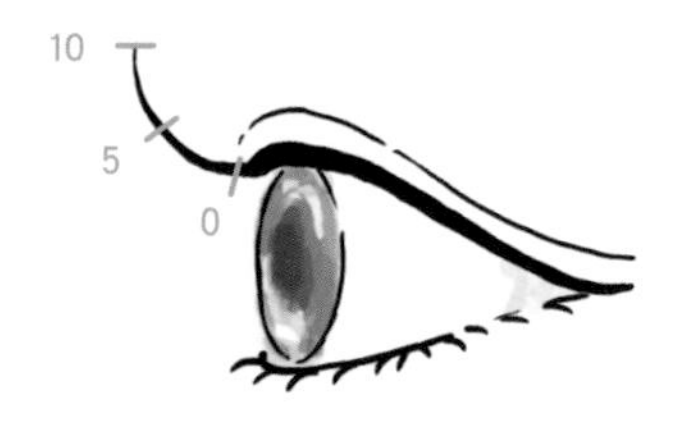

睫毛自根部、中段到尾段，請像爬山一樣一階一階地，將其分為十等分。其實不是每個人都需要從睫毛根部開始夾翹。假如有人的上眼皮太厚，即使從根部開始努力往上夾，睫毛也會因為眼皮的重量而被壓下垂。按照眼睛形狀大小不同，需要下功夫的地方也會不同，首先，確認自己的眼型吧！

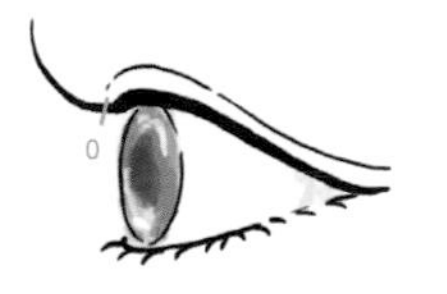

對準睫毛根部，
從0的位置開始
夾翹！

商品詳細資訊請見 P.75

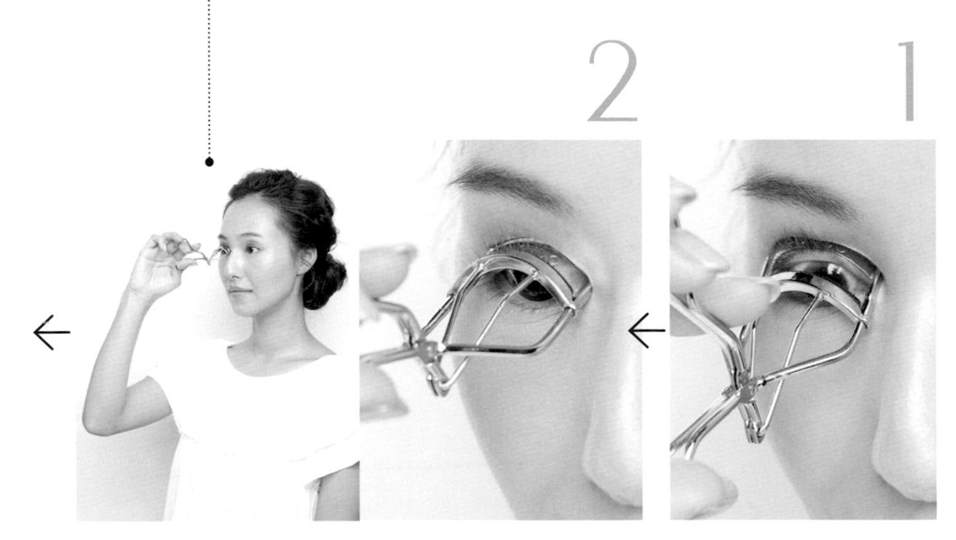

1 對準按壓在眼瞼上

像要撥開上眼皮般，將睫毛夾的上緣沿著眼球的弧度壓在眼皮上。

2 夾翹至可以看見睫毛根部

夾翹至可以看到睫毛根部就OK。從根部將睫毛輕輕往上夾翹。在夾睫毛根部時，要如圖中所示抬起手肘夾，不只省力，還能夾出捲翹的睫毛。

務必抬高手肘！
手腕也要完全翻轉！

睫毛總是夾不翹，是因為像左圖一樣，手肘沒有抬起來的緣故。必須將手肘抬高，手腕完全翻轉才能夾出捲翹又美麗的睫毛。

慢慢地往睫毛前端移動

慢慢地將手肘抬高，手腕翻轉，接著對準睫毛中間的部分夾翹！

祕訣是**抬手肘翻轉手腕**※

夾睫毛至最前端時，要將手肘抬到最高，手腕確實翻到最大角度來夾出捲翹睫毛。

立刻刷上睫毛底膏

在睫毛捲翹的狀態下立刻刷上一層薄薄的打底膏，就能維持捲翹度。

單眼皮和內雙的人，睫毛能夾捲翹的重點

單眼皮

從根部夾　捨棄區域※

內雙眼皮

從根部夾　從睫毛中段開始夾　從睫毛尾段開始夾

單眼皮的人，佔眼睛1/3的眼尾是重點，要從睫毛根部開始夾，其他部分就乾脆地捨棄。內雙的人，因為眼皮會蓋住眼頭與中段的睫毛，因此眼頭可以從睫毛尾段開始夾翹、眼睛中間部分則從睫毛中段開始夾翹，眼尾再從睫毛根部確實夾翹，就能擁有動人美麗的睫毛。

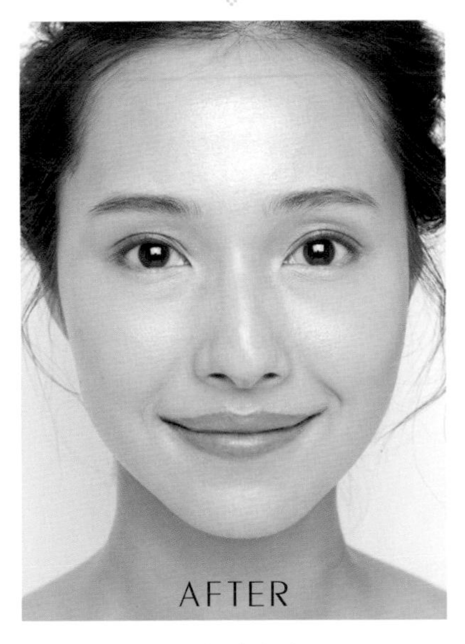

捲翹睫毛完成！

6

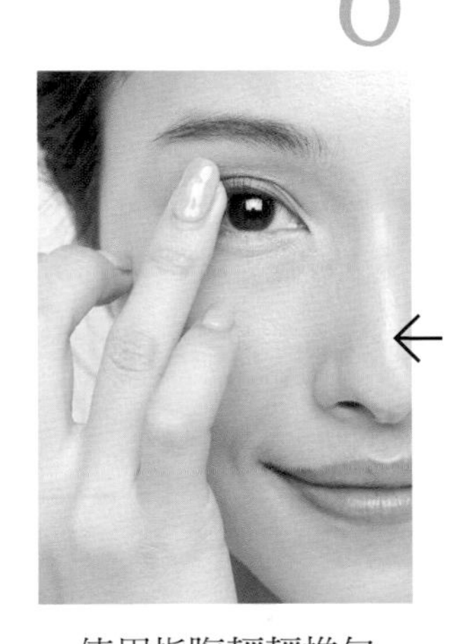

使用指腹輕輕推勻

如果不小心刷太多睫毛底膏，睫毛會出現「結塊」的情形，這時可以用指腹**輕輕地**把睫毛推勻。

【抬手肘翻轉手腕】……使用睫毛夾時，將睫毛夾至最捲翹的祕訣。

【捨棄區域】……不需要處理的區域稱為「捨棄區域」。了解可以捨棄的地方，就能避免做白工。

眼影盤

Eye Shadow Palette

我的化妝術中，眼影盤會選用包含用來增加眼睛深邃度的棕色眼影，以及將上下眼瞼塗亮的米白色眼影的。其中棕色若能包含淺棕色與深棕色，就能調整出自己喜歡的深邃度。

質地非常滑順的棕色眼影盤，若想打造綻放光澤的雙眸，選擇這款眼影盤就對了。棕色完全服貼肌膚，自然顯色抓住眾人目光。晶采立體眼影盤08 台灣售價NT2600／SUQQU

模特兒使用

使用天然礦物打造出的4色眼影，洗面乳即可卸除，推薦給習慣使用對肌膚溫和彩妝的人。舞動閃耀礦物眼影彩盤 NT1680／ETVOS

各色都實用的棕色眼影，可以自由調整塗抹眼影的濃淡程度。凱婷KATE 3D棕影立體眼影盒N BR-2 台灣售價NT420／佳麗寶化妝品

透過研究瞳孔顏色而誕生的棕色眼影盤，能完全服貼肌膚，調和瞳孔色調，自然放大雙眼！心機星魅咖啡特調眼影BE303 台灣售價NT950／資生堂

睫毛底膏

Curl Lush Fixer

當作睫毛底膏使用，要選擇能夠維持夾好的睫毛捲翹度的底膏，防水、不易脫妝是必要條件。

模特兒使用

比水還要輕盈的油性基底配方，讓睫毛保持輕盈，長時間維持捲翹美睫。CANMAKE睫毛復活液透明 台灣售價NT295／IDA Laboratories

內含三種纖維，瞬間包裹每根睫毛，打造極致豐盈纖長美睫，配合極致捲翹成分，徹底維持捲翹弧度。FASIO捲翹增長防水睫毛底霜HK$80／KOSE

添加防水成分，維持捲翹美睫的透明睫毛打底膏。塗上之後速乾，不會結塊或打結，對睫毛的負擔較小。Elegance Curl Lash Fixer ¥3000／ELEGANCE

睫毛夾

Eyelash Curler

選擇適合亞洲女性眼窩弧度的睫毛夾很重要，所以如果可以，建議試用後再購買。

模特兒使用

研究日本女性眼瞼弧度與眼睛寬度設計而成的睫毛夾，能恰好貼合眼睛弧度，非常容易操作。睫毛夾213（附替換橡膠條1個）¥800／資生堂

完美貼合眼睛弧度的睫毛夾，可以貼近睫毛根部，實現自然捲翹美睫。晶采曲線睫毛夾 台灣售價NT980／SUQQU

眼線的畫法

不是「畫」眼線，而是「補」眼線！
夾出捲翹睫毛後，用眼線再次放大雙眼

「眼線就是在睫毛根部畫出一條線啊。」這是許多來上課的學員認知的畫法。不過在我的化妝術中，眼線並非用「畫」的，而是用「補」的。而且不是從睫毛外側開始畫，而是從內側開始補。眼線如果畫在正確的地方，眼妝就會深刻動人。首先要將眼皮完全向上拉，才能順利補好眼線，另外，要避免眼線畫到黏膜處，反而會讓眼睛變小。那麼，現在開始學習正確的眼線畫法吧！

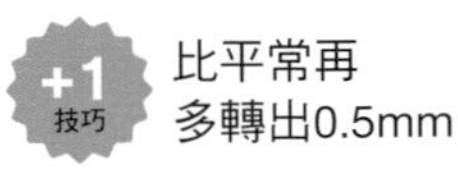

比平常再多轉出0.5mm

沒辦法補好眼線的人，可以試試將筆芯再多轉出0.5mm試試看。能比較容易深入睫毛根部補上眼線。

商品詳細介紹請見 P.84

1

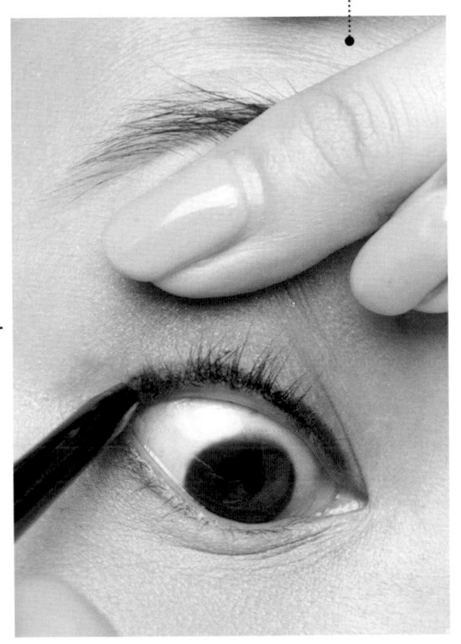

在睫毛與睫毛間的空隙補上內眼線！

在睫毛根部與根部之間，如上圖，用眼線將空隙填補起來才是正確的眼線畫法。用另一隻手將眼皮提起來會更方便填補！睫毛與睫毛之間空隙較大的人，多少會有用「畫」的感覺。

2

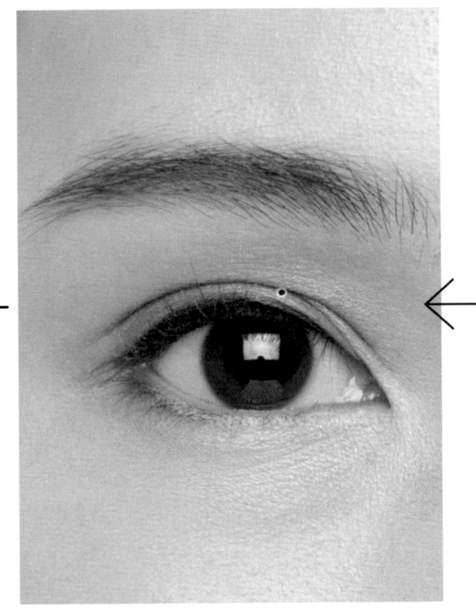

眼睛睜開時眼線的正確位置

完全將睫毛之間縫隙填補起來的話，應該就會如同照片中看到的眼線一樣。若不小心畫到黏膜，就很容易暈開變成熊貓眼，要特別注意。可以完整看到眼線才是正確的眼線畫法。

眼線筆乾掉了！

「補不好」的人當中，有的是因為眼線液乾涸導致筆頭硬掉的狀況，眼線液要柔軟才好上妝。使用完畢後一定要記得將蓋子完全蓋緊！

Q. 眼線從哪裡開始補才正確？

A. **不論從哪裡開始補都可以。**

只要將睫毛根部完全填滿就OK。

明明補了眼線
卻看不出來的人，必看！

將眼線一點一點補至眼睛睜開時也能看見的位置

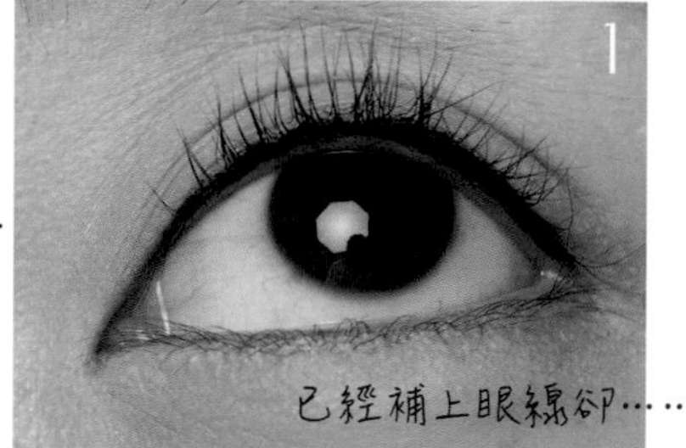

在睫毛與睫毛之間的位置補上眼線。從下面看起來是有畫上的。

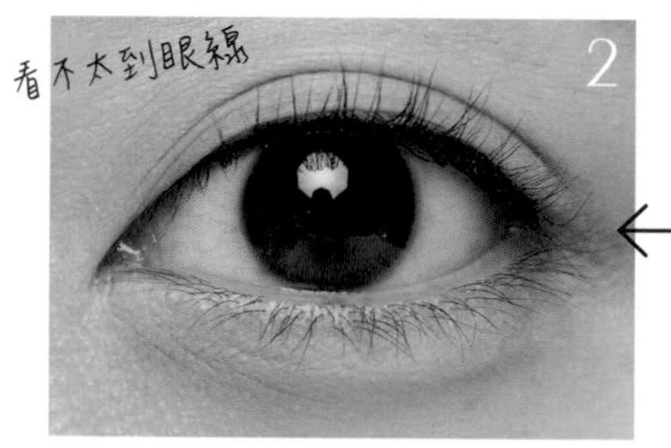

但因為眼型的緣故，上眼皮蓋住了睫毛的根部，讓眼線很難被看見。

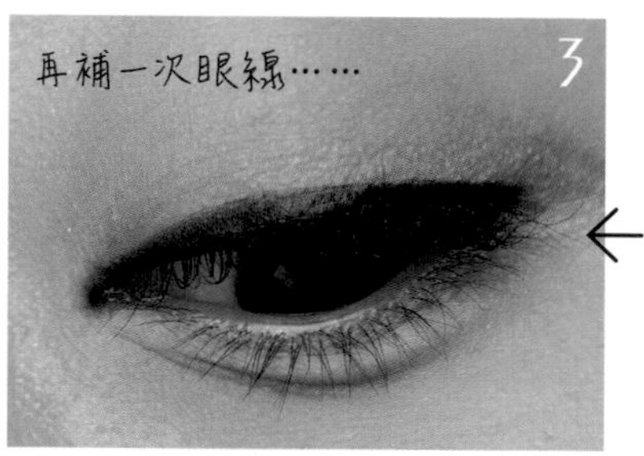

將眼線只能畫一次這樣的固定觀念丟掉吧！試試看再補上一層外眼線。

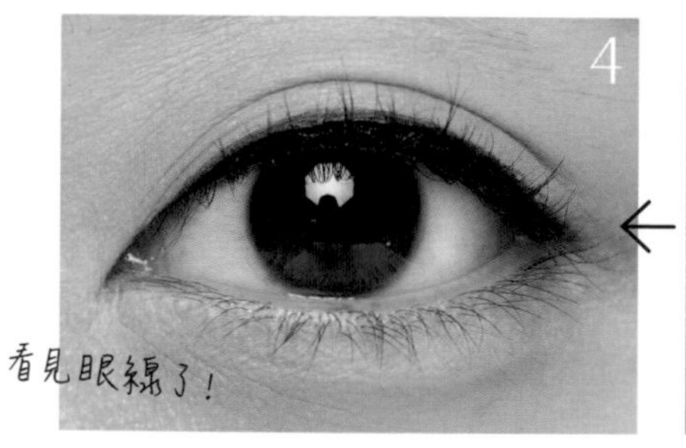

這個步驟不用兩隻眼睛都做，透過鏡子確認兩隻眼睛妝感是否平衡，只補上必要的部分，直到兩隻眼睛的大小看起來差不多就OK了！

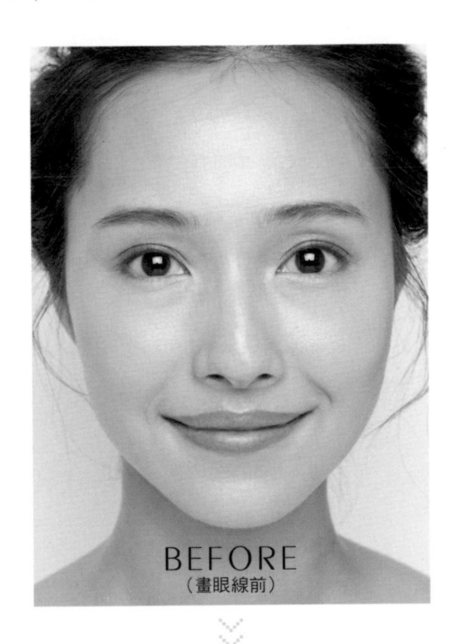

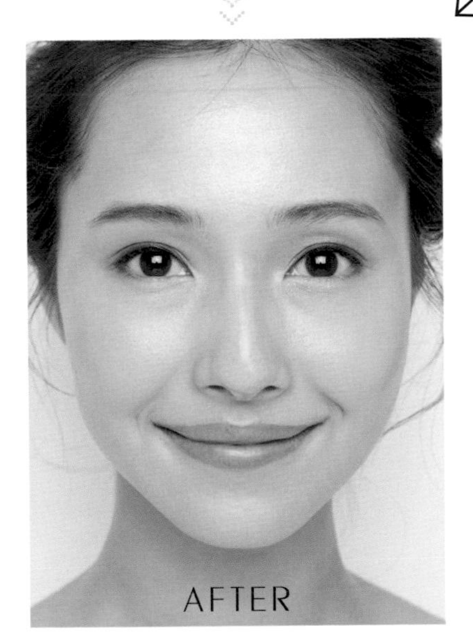

自然又動人的眼線完成！

3

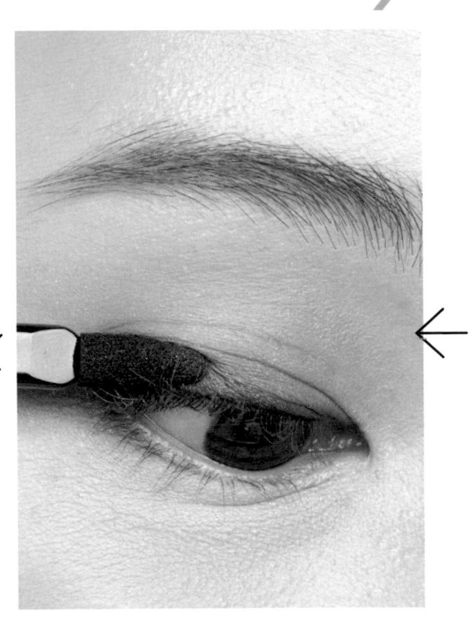

用眼影棒整理分岔的線條

畫眼線也是需要練習的，不過如果不小心畫出分岔的狀況，使用細的眼影棒沾取棕色眼影，輕輕沿著睫毛根部描繪，就能調和分岔的眼線，整理出漂亮的線條。

雙眼皮　內雙　單眼皮

按照眼型分類 眼線的補法

眼線並非畫出一條線就結束，
按照眼睛形狀改變畫法才能有效放大雙眼！

雙眼皮

雙眼皮寬度 寬

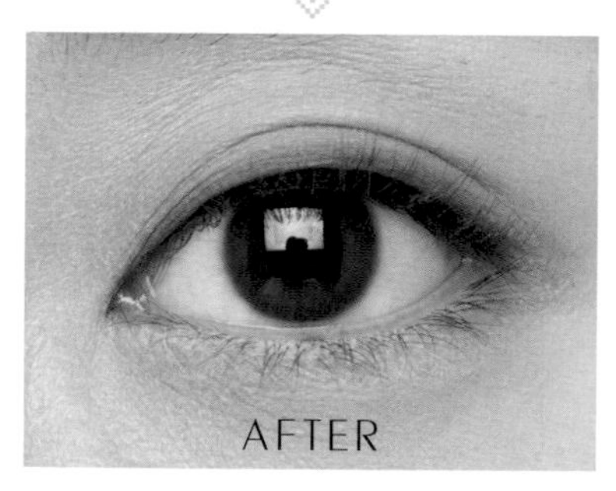

雙眼皮寬度較寬的人，需要再補上一條外眼線，眼睛整體看起來會比較平衡。最後記得用眼影棒整理暈染。

雙眼皮寬度 窄

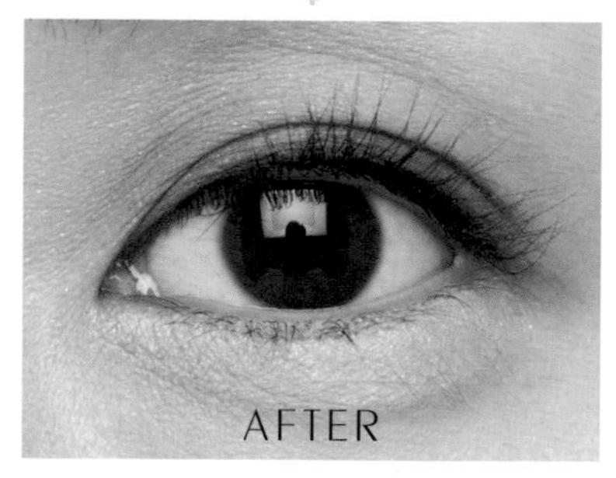

雙眼皮寬度較窄的人，畫一條眼線就OK。將睫毛根部的眼線細心整理暈染之後，看起來非常自然。

內雙・單眼皮必學

重點在眼尾+1技巧

單眼皮

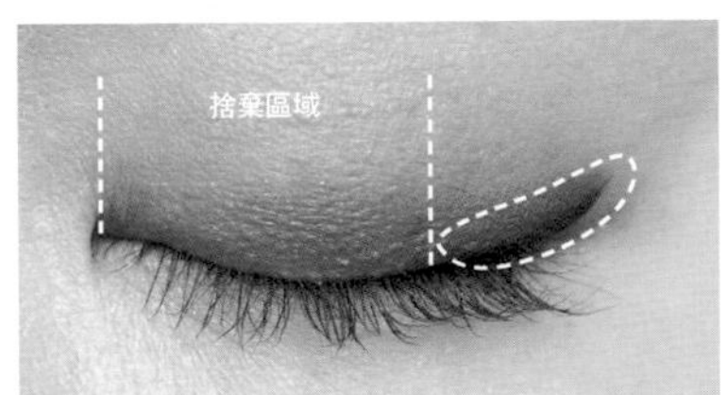

眼頭部分為**捨棄區域**，需要畫上眼線的部分只有眼尾（佔眼睛的1/3）而已。畫上眼線後再使用眼影棒暈染，最後在同樣的位置用眼線液勾勒出眼線。

加上1個步驟就讓眼睛超電！

+1 技巧

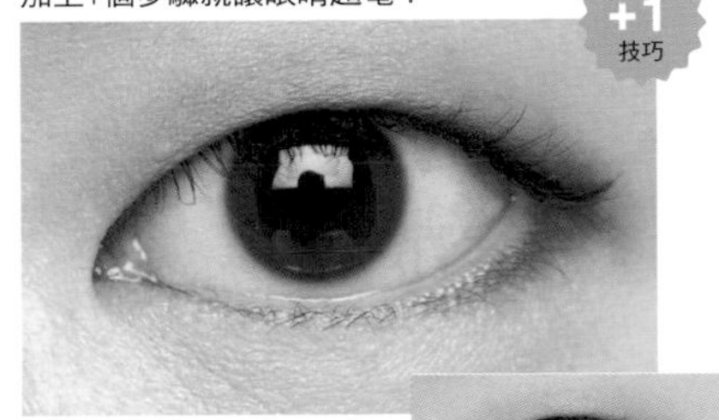

使用棕色眼影在下眼瞼的眼尾（佔眼睛的1/3）暈染，做出深邃度。

內雙

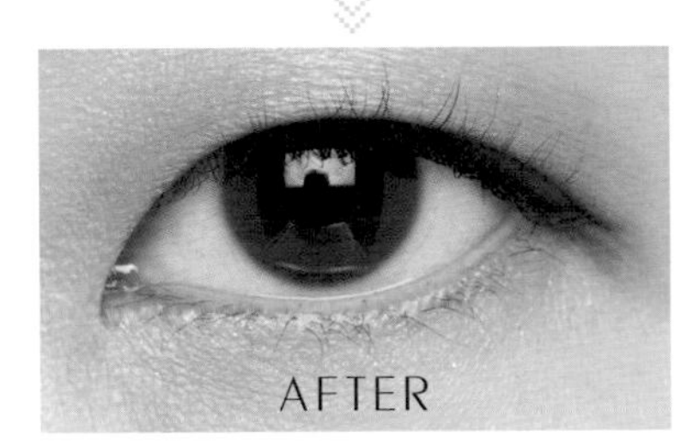

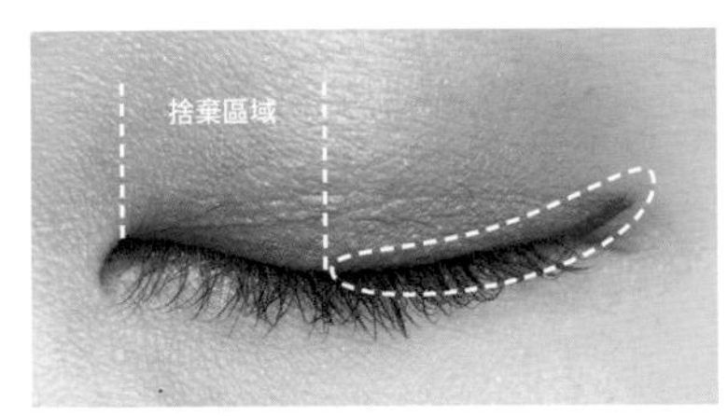

眼頭部分為**捨棄區域**，需要畫上眼線的部分只有眼睛的中段和眼尾（佔眼睛的2/3）。畫上眼線後再使用眼影棒暈染，最後用眼線液在眼尾（佔眼睛的1/3）勾勒出眼線。

加上1個步驟就讓眼睛超電！

+1 技巧

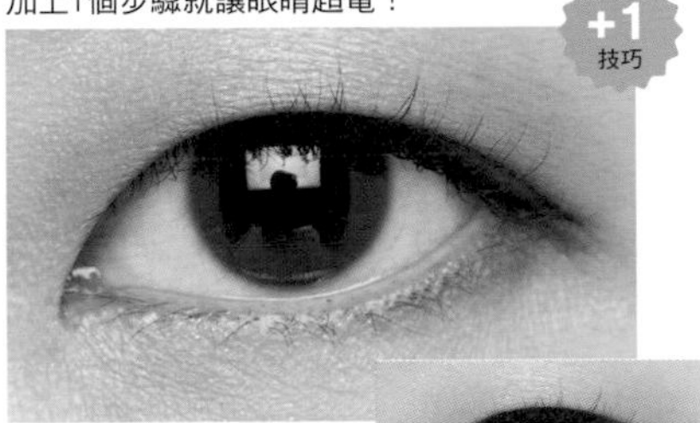

使用棕色眼影在下眼瞼的眼尾（佔眼睛的1/3）暈染，做出深邃度。

睫毛膏的塗法

勝負已經分曉。
最後就用折凹30度的睫毛膏輕鬆完妝！

「睫毛膏又暈開了！眼睛下面黑黑的好醜！」這一點是在美妝特訓時，名列前三名的煩惱。說穿了，所有勝負在上睫毛膏前已經分曉，如果已經做到了：把睫毛夾翹後，塗上睫毛底膏，也將多餘底膏用指腹抹去並風乾的話，不論你怎麼塗睫毛膏，它都不會暈成熊貓眼（有好好地完成**防波堤**※吧！）。

※打造【防波堤】，請見第53頁。

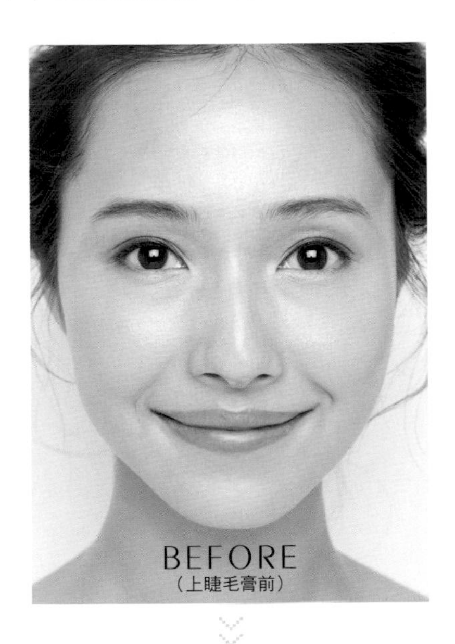

睫毛膏完成！

使用ITEM

商品詳細介紹請見 P.85

1

從睫毛根部開始刷是不變的鐵則

睫毛膏要從睫毛根部開始刷。將睫毛刷放在根部，刷頭左右輕微移動，一邊畫閃電狀、一邊朝睫毛尾段刷出去。較不容易刷到睫毛膏的眼尾處，可以將睫毛刷以垂直方向拿著，沾上一點點睫毛膏，刷上眼尾的睫毛就可以了。

將睫毛刷**折彎30度**※更好用！

利用容器的邊緣將睫毛刷凹折30度，就會和睫毛呈現同樣的角度，更容易刷到每一根睫毛！

【折彎30度】……將睫毛刷、染眉刷的刷頭都凹折30度來使用。

眼線液

Liquid Eyeliner

眼線液用於勾勒出眼尾的貓眼線條，不同於眼線筆以容易上色為最優先考量，但眼線液要選擇可以畫出極細線條的優質產品。

柔軟筆觸的極細筆頭，能一筆滑順輕鬆勾勒出自然眼線以及性感貓眼線條。菲希歐 零暈染極細眼線液筆（持妝抗暈）BK001 台灣售價NT329／KOSE

眼線筆

Pencil Eyeliner

為了將眼線補在睫毛間隙，如果質地不夠柔軟就會很難上色，因此要精挑細選。此外，為了防止顏色染到下眼瞼，推薦選擇速乾型、防水性佳的眼線筆。

膠狀質感，能完全對準睫毛間的縫隙補上眼線。另一頭附實用的眼影棒，方便做出暈染效果。原色光感眼線膠筆BK001 台灣售價NT1100／黛珂DECORTE

橢圓筆尖設計，接觸面能與睫毛根部肌膚緊密貼合，很好描繪。20秒速乾定色，防暈染。Love Liner防水眼線筆魔力黑 ¥1200／msh

睫毛膏

Mascara

因為已經先刷上睫毛底膏，所以睫毛膏選擇能夠漂亮上色，
滑順且不易結塊的產品就對了。

四角柱狀2.5mm的極細微型刷頭，可深入睫毛根部，一邊分開糾結在一起的睫毛，連短毛與下眼睫毛也能完全刷到。MOTE MASCARA TECHNICAL 3 MICRO ¥1800／FLOWFUSHI

模特兒使用

含3種類天然精油配方，刷過之後，睫毛變得柔軟輕盈，不含蠟成分，讓睫毛濃黑捲翹零負擔。LUSH CC黑色美容液睫毛膏 ¥4950／Helena Rubinstein

連細短睫毛都能從根部完整包覆刷勻的極細刷頭，實現整日毫無負擔感的美麗翹睫。FASIO 零暈染美型細睫膏（極效纖長）BK001 台灣售價NT329／KOSE

添加濃密油分，不易糾結的配方，使睫毛根根分明、均勻濃密。魅感捲翹睫毛膏 黑 ¥580／CEZANNE

BEAUTY COLUMN

2

盡情體驗彩妝樂趣
在下眼瞼大膽玩色

就如目前為止所介紹的，每個人的眼型都不同，所以非常適合用來展現個人特質，但也有非常多人對於自己的眼型抱有自卑感。我的化妝術的基礎就是「使用米白色眼影將上眼皮整體塗亮並遮蓋暗沉，再用棕色眼影打造出深邃感」我認為，這個方法是能讓每個人打造出自己史上最美眼妝的不二法門。因此，希望大家能用我所提供的化妝技巧來處理眼妝。

但是，一定也有「還是想要玩玩看各種色彩的眼影」的人，這邊我想跟大家推薦運用下眼瞼區域。下眼瞼無關乎眼型，是每個人都被平等賜予的區塊。由於不會受到眼型影響，因此這是個無論擦上什麼顏色的眼影都很安全的區域。不論是柔和色或清爽色，甚至是容易讓上眼皮看起來浮腫的粉紅色，都能在這裡盡情運用！要遵守的規則只有「把範圍控制在臥蠶的寬度」。接下來，大家就大膽享受眼妝的樂趣吧！

（《VOCE》2017.10）

單眼皮的人給人一種酷酷的印象，要完成時尚的妝容，請將上眼皮完全塗上眼影，下眼瞼塗了打亮用的眼影後，推薦在臥蠶抹上令人眼睛一亮的黃色，會更完美。而且黃色與百搭的杏色妝感非常相合！

眼睛看起來很厚重的內雙眼皮的人，若想要嘗試各種色彩的眼影，將下眼瞼與上眼皮的眼尾一起畫上眼影是決勝關鍵。這張照片是使用藍綠色眼影，以く字型畫在眼尾，展現出帶有神祕感的妝容。

（《VOCE》2017.10）

眉毛的畫法

將畫眉毛留到眼妝的最後一步
就能避免眉毛太搶戲

在我的化妝術當中，眼妝接近收尾時才處理眉毛。「咦？好像和一般化妝的順序相反耶」有人會這麼想。我的這套化妝術之所以把眉毛留在最後，是因為，眉毛並不是主角，充其量只是「配角」，如果存在感太強烈，或是畫得太重都不行，只要使用眉粉稍微粗略地畫一下就好。此外，請避免過度的拔毛、剃毛或修眉。只要養成自然的眉型，就能讓眉毛的煩惱減少大半，對於眉毛的執著也會消失。

需要修除雜毛的部分只有眉毛尾端的下側而已。從眉頭下側至眉尾拉一條水平線，將超出這條線以下的眉毛修掉，絕對不要動這之外的眉毛！

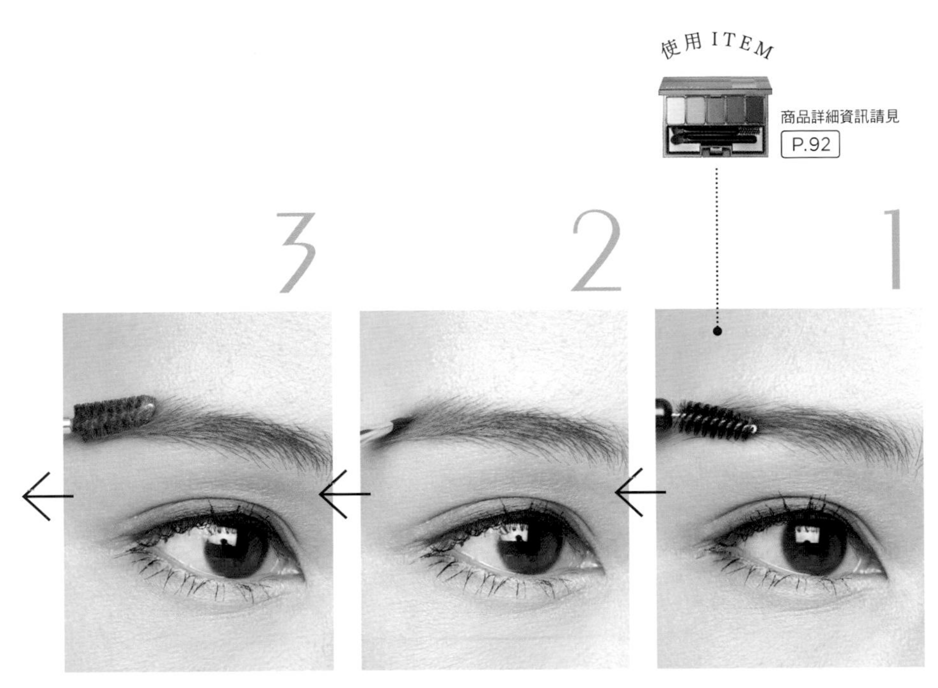

將眉毛梳順，修掉雜毛

上完底妝後，如圖，先使用**折彎30度**的螺旋刷稍微刷過眉毛，掃除眉毛上殘留的粉底，接著從眉頭→眉尾方向梳理。最後修掉多餘的雜毛。

首先決定眉峰，再畫出眉尾！

決定好眉峰之後，用斜角眉刷沾上眉粉，眉粉建議挑選和髮尾接近的顏色從眉峰往眉尾方向刷上眉粉。為了維持整體妝容的平衡，畫眉毛也要左右兩側同時進行。

讓顏色融入肌膚，打造出自然眉

用斜角眉刷將眉粉刷上眉尾後，使用螺旋刷從眉峰往眉尾刷開，不斷重複這個步驟，讓眉粉服貼肌膚，打造自然的眉毛。

刷頭硬掉了！

眉刷刷頭會因為附著皮脂和眉粉而變硬，硬掉的刷頭沒辦法將眉毛上的眉粉梳開，也很難讓顏色更融入肌膚。一定要記得定期清潔刷頭！

4

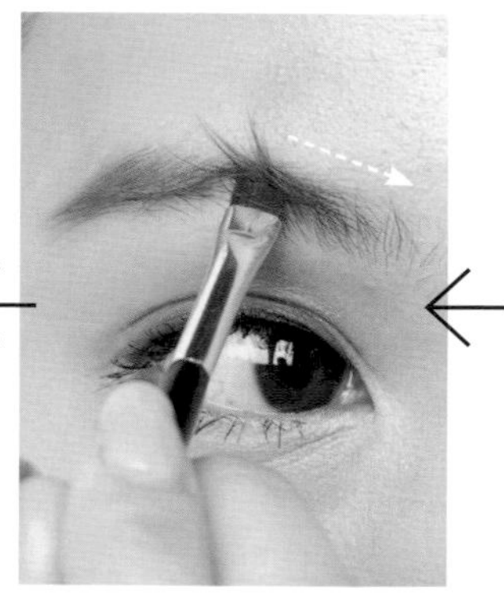

從眉峰往眉頭方向刷上眉粉

接著像是要將眉毛分開般，把眉粉刷在眉毛間隙的皮膚上，使用斜角眉刷從眉峰往眉頭方向塗上眉粉，此時刷子刷的方向和眉毛生長方向相反。

5

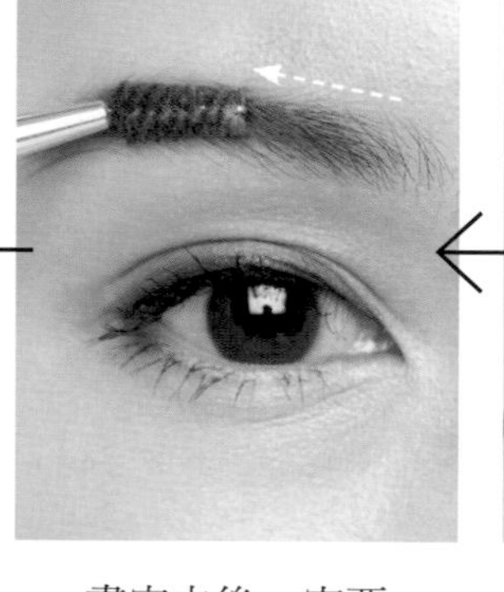

畫完之後一定要用眉刷整理

與畫眉尾時一樣，使用螺旋刷將眉粉梳至服貼於肌膚。重點是刷子要從眉頭往眉尾方向刷，將眉粉完全刷開。

6

使用 ITEM

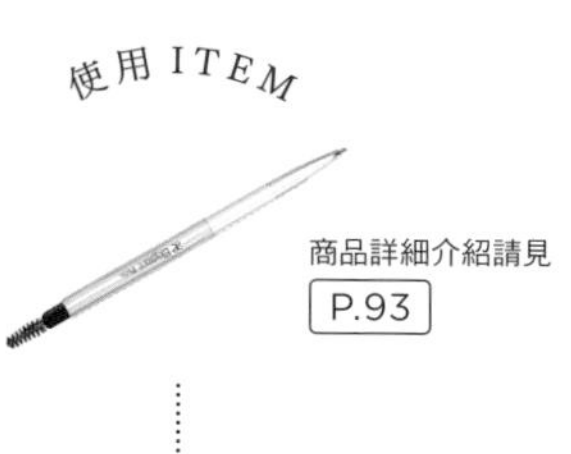

商品詳細介紹請見 P.93

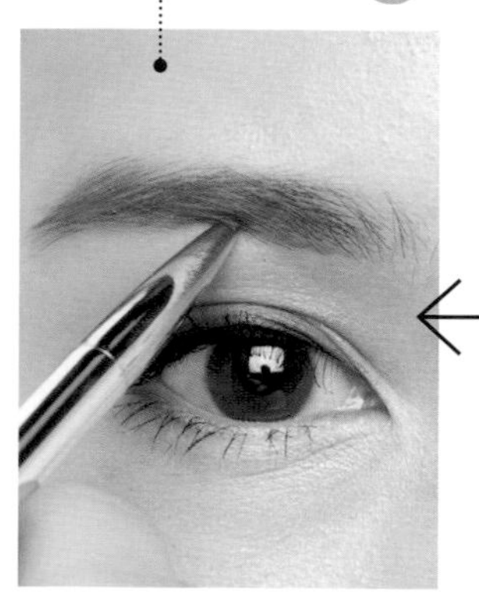

還是無法填滿空隙時，用眉筆補上！

無法用眉粉填滿的部分，就使用眉筆來填滿。像要將每一根毛都上色一般，細膩地移動眉筆，不是補在上側而是補在眉毛下側，讓臉看起來更立體。

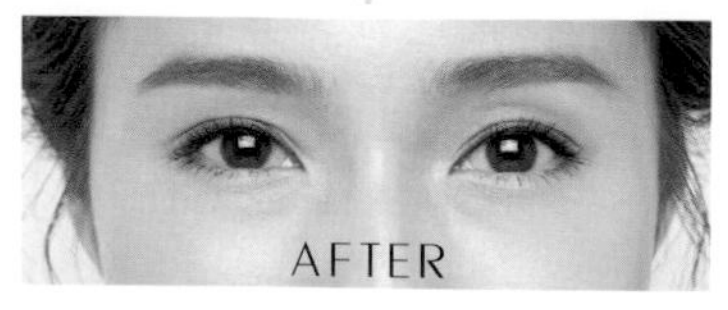

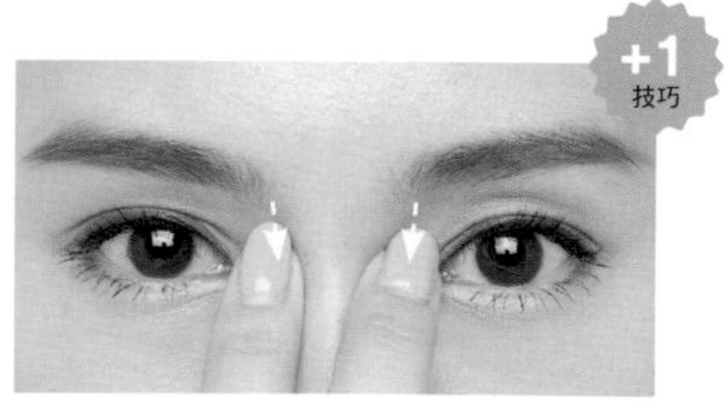

借粉造影做出立體感

用兩根手指對準眉頭的位置，將眉粉稍微往下方延伸。「借」眉毛的顏色來打造鼻樑兩旁的「陰影」。

【借粉造影】……從眉頭「借」一點眉粉，打造出鼻子兩旁的陰影。

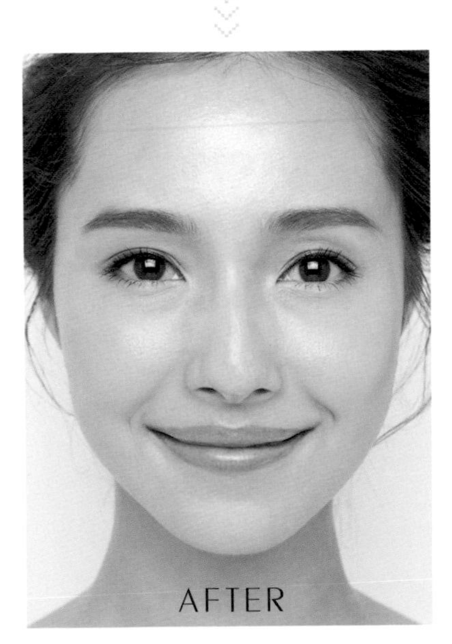

畫完眉毛！

使用染眉膏來控制顏色

想讓眉毛顏色變明亮就用染眉膏。邊皺眉邊刷上染眉膏，就能避開皮膚並成功上色。與上睫毛膏時一樣，染眉膏可以先將刷頭**折彎30度**會更好刷。

不想脫妝就使用眉毛雨衣

最後在眉尾等容易脫妝的地方，塗上一層眉毛雨衣，如此一來不論怎麼流汗，眉毛都不會消失！

眉粉

Eyebrow Powder

包含多種基本棕色的眉粉組合盤，與好用的眉刷＆螺旋刷是必需品。眉筆推薦選擇筆芯纖細的商品，染眉膏與眉毛雨衣則按照個人需求來準備就好。

推薦工具

完美的二合一雙頭刷能幫助你輕鬆畫出理想眉型。雙頭塑形眉刷 台灣售價NT1300／BOBBI BROWN

集軟毛螺旋刷與輕鬆勾勒出眉尾線條的斜角刷於一身，方便又好攜帶。雙頭眉刷 台灣售價NT269／ROSY ROSA

模特兒使用

融入膚色的五色眉粉盤，可同時作眉彩與眼彩使用。LUNASOL晶巧纖緻眉眼彩盒01 台灣售價NT1550／佳麗寶化妝品

濃中淡三色組合的眉彩餅，創造出立體深邃的眼部印象。附贈的雙頭眉筆可以輕鬆刷出鼻樑陰影，非常優秀。凱婷KATE 3D造型眉彩餅 EX-5 台灣售價NT330／佳麗寶化妝品

眉筆

Eyebrow Pencil

旋轉型眉筆，省去削眉筆的麻煩。粗細兩用橢圓芯，細筆尖可以輕易描繪出一根根的眉毛，寬筆尖用於畫出自然的眉形。專業自動眉筆 全4色 台灣售價NT290／CEZANNE

模特兒使用

擁有滑順顯色的極細筆芯，能輕鬆打造不易脫妝、根根分明、天生般的立體眉型。超有型立體眉筆 全3色 台灣售價NT1300（套組價格）／ELEGANCE

眉毛雨衣

Brow Fixer

模特兒使用

含獨特配方，防水，防汗，刷完染眉膏後使用。防止容易消失的眉尾脫妝。CANMAKE持久眉毛定型液 台灣售價NT250／IDA Laboratories

全透明質地，不影響原有眉色，全天守護眉彩。有彈性的平頭刷毛輕輕一刷，就能均勻分佈在眉毛上，維持完美眉型。美眉雨衣 台灣售價NT380／ORBIS (已換新包裝)

染眉膏

Eyebrow Mascara

模特兒使用

長短刷毛組合的獨特雙刷式設計，輕鬆刷出想要的造型，瞬間眉飛色舞。植村秀 雙刷激炫染眉膏 全4色 台灣售價NT950／shu uemura

長時間不掉色，而且用溫水就能卸除的染眉膏。精巧型螺旋刷頭，能避免染眉膏直接接觸肌膚。KISS Me花漾美姬 眉彩膏 全9色 台灣售價NT320／伊勢半

LESSON 4

CHEEK &LIP MAKE-UP

腮 紅 & 唇 妝

腮紅 ≪ 唇妝

展現完美的雙頰與雙唇 好感美肌妝的魔力！

我的化妝術終於要進入最後階段。困難的步驟大都已經結束了，剩下的步驟只有腮紅和唇妝。我選擇杏色妝容，是因為這種帶了一點橘的粉紅色，可以自然融入亞洲人微微偏黃的肌膚。不過，還是要謹慎進行刷上腮紅的部分。不論腮紅或是唇妝，選擇「杏色」就很自然動人，不只好感度飆升200%，無論在什麼場合都一定會被誇讚：「好漂亮～」！

腮紅的畫法

刷兩次就不會脫妝
打造自然血色感！

在基礎底妝之後、刷蜜粉之前，已經先塗上一層腮紅膏打底，而現在要刷上第二層來完成腮紅。在這裡告訴大家，想要成功刷上第二層粉狀腮紅的祕訣。首先，要準備一個大支、毛量多的腮紅刷，因為筆刷過小的腮紅刷會增加接觸皮膚的次數，容易越畫越濃。接著，由於腮紅是最後一個上妝，且很難復原的區域，因此要調色後才刷上臉頰。只要遵守這兩項，就能刷出不失敗、自然透出紅暈感的血色腮紅。

絕對要先在手上**調色**

腮紅塗上臉之後就無法逆轉了，所以一定要先在手背上調整顏色濃度。

使用ITEM

商品詳細介紹請見 P.99

1

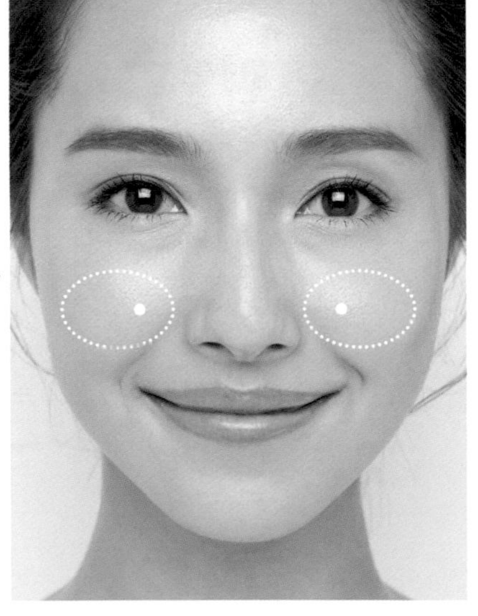

首先確認要擦上腮紅的區域！

擦上腮紅的位置是微笑時，比雙頰鼓起處高一點的地方。在黑眼球正下方、稍高於鼻翼一點的位置，會稍微重疊到美肌部位。請將鏡子放置於看得見雙頰的距離，進行最終確認。

2

輕拍畫出小橢圓

決定好腮紅的中心點之後，微笑著畫，在那裡先畫出一個小橢圓，接著將腮紅刷像是要「放上去」一般，輕拍上妝。腮紅如果一口氣畫上去就無法重來，因此絕竅是先在手上**調色**之後，再慢慢將顏色疊上去。

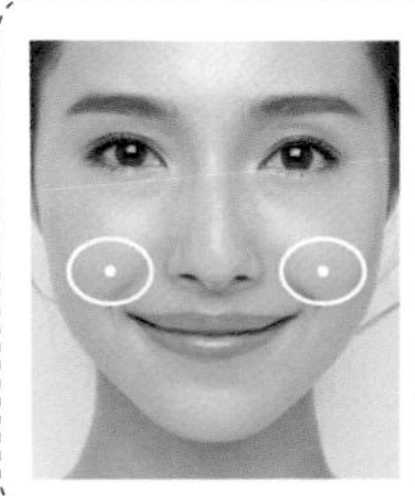

腮紅不要低於鼻翼

有很多人會弄錯腮紅的位置。若腮紅畫得太低，妝會失去平衡感，請特別注意。

遠離鏡面，將臉擺正

一定要將鏡子放置在能同時看見雙頰的位置，將臉擺正，請注意自己的臉是否習慣性傾斜某一側，這樣可能會不小心畫成80年代流行的斜腮紅。

腮紅完成！

腮紅也要製造**交界處**！

在腮紅的邊緣也要製造出像美肌部位一樣的**交界處**。像畫圓一般，以腮紅刷在雙頰繞圓，讓腮紅與肌膚之間的界線變得模糊，顯得更自然紅潤，不過要小心不要干擾到美肌部位！

杏色以外的腮紅要畫得高一些，使用**擺將棋式畫法**※

如同拿取將棋一般，將刷頭從上側平壓在雙頰上，變成橫長型來上腮紅。

【擺將棋式畫法】……用下將棋時的手勢來拿刷頭，將刷頭壓平後輕輕壓上腮紅。

粉狀腮紅

Powder Cheek

定妝時使用的粉狀腮紅顏色也與打底腮紅一樣，選擇杏桃色與珊瑚色系。以不會浮粉，且稍微帶有光澤的質地為首選。盡量避開添加了閃閃發光的亮粉的產品。

推薦工具

模特兒使用

使用山羊毛與馬尾製成，特殊蓬鬆的茸毛錐形設計，沾取粉量豐富，能均勻將腮紅粉末輕掃於兩頰，呈現亮麗自然好氣色。腮紅刷 台灣售價NT1950／BOBBI BROWN

由日本廣島熊野縣的工匠製作而成，採用頂級刷毛，觸感柔軟，可一次沾取豐富粉量，輕鬆讓粉末服貼肌膚。熊野筆 腮紅刷7WM-PF02 ¥6820／ARTISAN & ARTIST

模特兒使用

搭配美容成分，帶有珠光的色彩，如同天生的紅潤好氣色，選擇能讓肌膚璀璨發光的珊瑚橘。癮色美人單色頰彩 THE BLUSH 019 台灣售價NT800／ADDICTION

給予雙頰有如絲絹般的柔和光澤，非常好用的暖紅色。黛珂 原色光感微霧頰彩RD400 台灣售價NT1450（套組價格）／DECORTE

融入素肌，形成薄膜，演譯肌膚溫度的感溫腮紅。選擇給人柔和印象的粉桃色。CHICCA FLAWLESS GLOW FLUSH BLUSH POWDER 05 ¥6000（套組價格）／佳麗寶化妝品

透明光澤交織鮮明色彩，質地輕盈服貼於肌膚，透出自然好氣色。Flarosso腮紅PK01 ¥4180／日本富士

唇妝的塗法

比起塗抹方式，
唇妝更注重顏色挑選。
選擇零失誤的杏色，讓好感度倍增！

終於進入最後步驟，唇彩的顏色要和腮紅一樣，統一選擇杏桃色。如此一來就會有一體感，好感度也會一口氣暴增。近年來唇彩成為高人氣商品，店鋪裡陳列了各式各樣顏色和質感的唇膏，大家一定會在意「哪一種最適合我呢？」首先，一定要預備一支不論在任何情況都不會出錯、讓人擁有好印象的杏色唇膏。只要挑對顏色，塗抹唇膏的方式其實非常簡單，任何人都能輕鬆學會！

直接對準嘴唇塗上去

直接將唇膏對準嘴唇，塗抹於整個嘴唇並延展開來，不必刻意塗得比較寬或窄，按照自己嘴唇的寬度大小來塗就可以。

完全抹開是技巧成熟的做法

不畫唇線，只要使用指尖將嘴唇邊緣輕輕抹過，讓唇線變得曖昧，就會顯得自然。

唇妝完成！

杏桃色唇彩

Apricot Lip

杏桃色之外，也可選擇鮭魚粉或珊瑚粉色，是最能修飾亞洲人偏黃肌膚的色彩，是最不容易出錯的魔法色彩。

高滋潤度宛如融化般，完全貼合於唇部，實現飽滿豐厚的性感雙唇。展現優雅俐落的色彩。原色光感唇膏 OR250 台灣售價NT1050／黛珂DECORTE

如同水晶般呈現柔和薄透感，使用讓雙唇看起來十分水嫩的珊瑚粉色。Pure Color Crystal Lipstick 01 ¥4180／ESTÉE LAUDER 雅詩蘭黛

鮮豔奪目的色彩，令雙唇閃耀美麗珊瑚橘光澤。naturaglace 礦物極緻保濕唇膏03 ¥3520／NATURE'S WAY

在雙唇上打造出纖細滋潤感。有彈力的明亮珊瑚粉桃色。肌膚之鑰奢華艷光訂製唇膏 台灣售價NT2000／資生堂

唇、頰皆可用的類型，打造純淨清透的雙唇。用於雙頰則能完全服貼肌膚，帶有微微的棕色調。霧光玩采霜05 台灣售價NT1100／RMK Division

不斷練習之後，一定會遇見
最美的「自己」

我把好感美肌妝的完整技巧呈現給您了，

不知道您覺得如何呢？

剛開始練習一定會有感到困惑的地方，

要習慣整個流程和技巧需要花上一點時間。

但只要熟練之後，

相信自然而然你就能在短時間內完成動人的妝容。

這套化妝術說不定能改變各位的人生。

所以，不需要害怕，邁出嶄新的一步吧。

屬於您的「最美的模樣」，

正在等著您去發現呢！

技巧對了卻還是畫不好？讓優秀的美妝工具來幫忙！

「不管怎麼練習還是畫不好……」當然我也遇過這樣的學員，這時，請再檢視一次你手邊的美妝工具吧。雖然也可以使用化妝品附贈的工具，但是，為什麼專業彩妝師都不使用附贈的工具、而是使用專門的美妝工具呢？那是因為專家們實際感受到「使用優秀的美妝工具，畫出來的妝感也會更精緻」這一點。但工具並非昂貴的就好用，也有很多物美價廉，讓我完全成為俘虜的彩妝工具（笑）。如果更換美妝工具就能讓化妝的成果瞬間更上一層樓，應該找不到比這更方便又直接的方法了吧！

第2章

體驗化妝時的加與減

享受樂趣

改變唇妝色彩

Enjoy the Fun

「杏色妝容」雖然萬能，
但有時也會有「想來點不一樣」的日子。這時候就利用唇彩來變身！
這是最容易做到、最簡單，也能同時享受流行感的方式。
隨著更換不同唇彩，要學習和眼妝取得平衡。

COLOR VARIATION

優雅裸色

作為「好感美肌妝」的延伸，給人氣質高雅印象

我的化妝術使用基本的杏色妝，
不論在什麼情況下都能打造出洗鍊感，
若再加上裸色系唇妝，則能更增添氣質沈穩印象。
選擇收斂的唇妝，也會更襯托出雙眸的美麗。

POINT
1

與杏色一樣好用的顏色！

裸色唇膏的上妝方法跟杏色唇膏一樣，直接塗抹在雙唇上，最後再用指尖輕輕抹過就可以。只要選擇稍微帶點暖色調的裸色系，就能兼顧活力感。

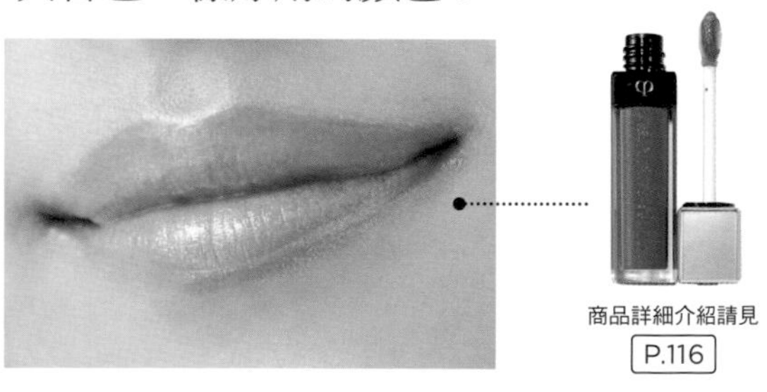

商品詳細介紹請見
P.116

POINT
2

下眼瞼畫上裸金色眼影增添光采！

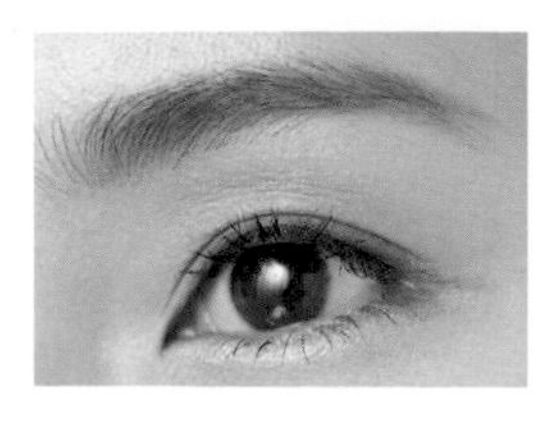

上眼皮畫上前面眼妝教學所使用的棕色眼影。接著在臥蠶處畫上裸金色眼影，打造出唇妝與眼妝的黃金組合。細緻的裸金色會讓雙眼散發迷人魅力。

POINT
3

打造柔和雙眉，讓表情更自然！

第三個重點是眉毛。不刻意畫出眉峰，而是描繪出平眉，也不需要作**借粉造影**（見第90頁），充滿時尚感的裸色系唇妝，透過省略眼妝的一些步驟，以及維持杏色腮紅，讓整體妝感更自然。

COLOR VARIATION

誘人粉色

令人怦然心動的戀愛感！

比起杏色唇妝，
更能展現出惹人憐愛感的，非粉色唇妝莫屬了。
光是粉紅色也有許多不同的色號選擇，
若不知道自己適合哪種的話，挑選裸粉色系就對了。

POINT 1

以光澤顯色的粉紅色打造出明亮動人神采

粉色與杏色都是非常好用的顏色，將唇膏直接塗在雙唇上，不要忘記最後用指尖輕輕抹過，讓妝感更顯自然。

商品詳細介紹請見 P.116

POINT 2

粗短眉型×波爾多紅眼影甜美中增添一絲率性

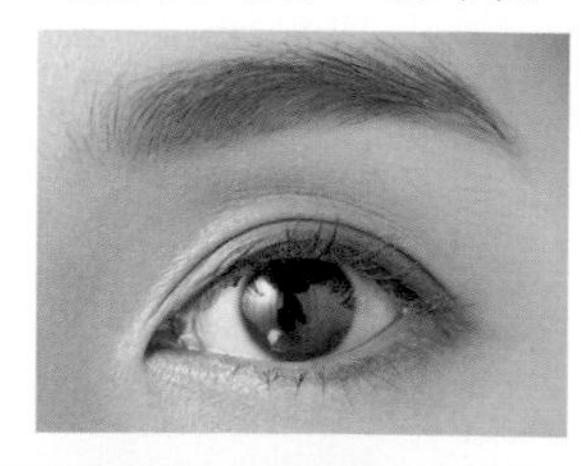

打造出甜美的粉色雙唇後，將眉毛下側描繪得稍微粗＆短一些，讓整體妝感平衡。雙眸的重點在於上下眼尾，上眼尾畫上波爾多紅眼影，下側眼尾的1/2處則畫上棕色眼影。

POINT 3

粉狀腮紅就使用甜美可愛的粉紅色

打底用的腮紅霜使用杏色，粉狀腮紅則選擇顯色的粉紅色。將腮紅刷頭從上側平壓在雙頰上的**擺將旗式畫法**（見第96頁），輕輕撲在雙頰稍微高一點的位置即可。

COLOR VARIATION

SOFT BROWN

暖棕紅色

讓人憧憬的成熟女子！

暖棕紅色是一口氣提升美人度的色調。
眼影使用稍微不同色調的褐綠色，
雙眉微微打造出眉峰，展現出帥氣有個人風格的女人味。

POINT
1

色調不要過重
適度的平衡是關鍵

若選擇的顏色太深，就會接近咖啡色，給人難以接近的印象。最適合的色彩是比膚色稍微深一點的暖棕紅色，並挑選帶有水漾光澤感的唇彩。

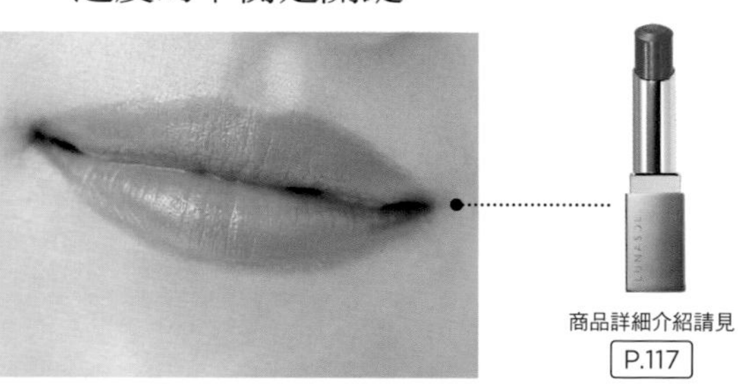

商品詳細介紹請見
P.117

POINT
2

打造出眉峰並拉長眉尾。
眼影使用褐綠色

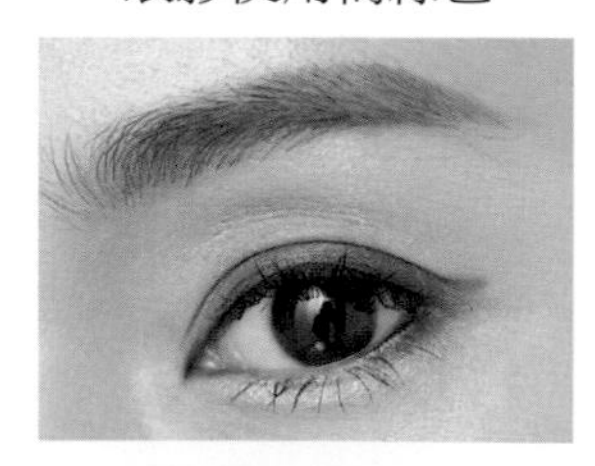

在眉毛下側描繪出一條平行上側的線條，上側則打造出眉峰，並稍微將眉尾加長一些。在雙眼皮上擦上褐綠色眼影，打造出深邃的雙眸。於下眼瞼眼尾黏膜部分畫上眼線液，增添大人感。

POINT
3

利用借粉造影加入鼻影，
並打亮眼頭！

稍微從眉毛「借」一點眉粉，打造出鼻樑陰影增加立體感（見第90頁）。接著將使用在上眼皮消除暗沉的米白色眼影，用於眼頭處畫出く字型打亮，讓眼部輪廓更突出，而因為留有第一層的打底腮紅霜，頰彩不必上第二層。

COLOR VARIATION

經典紅色

經典的紅色唇膏，這樣塗抹性感得剛剛好！

最近逐漸成為定番色彩的紅色霧面唇膏，
塗上嘴唇後，必須一邊用指尖推開，
並減少眼妝與眉毛上妝的濃度，
打造出絕不失敗，帶點性感的紅唇妝容。

POINT
1

不需要塗滿雙唇！輕點上妝就可以了

紅色唇膏若直接塗上雙唇，一不小心就會太濃。因此以輕輕點上雙唇的方式，一邊用指尖推開。不斷重複「一邊塗一邊推」的步驟，直到顏色濃度合宜為止。

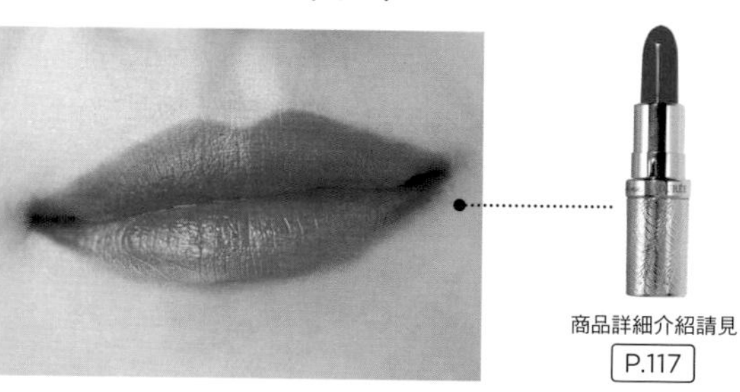

商品詳細介紹請見
P.117

POINT
2

不必上眼影，要在眼尾加上眼線

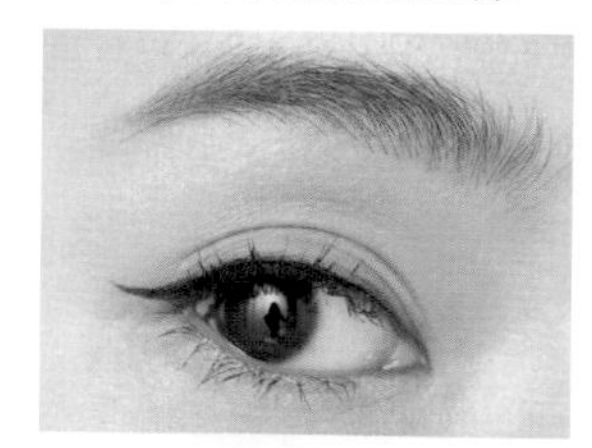

由於整個妝感的重點在唇部，因此上眼皮只要塗上消除暗沉的米白色眼影即可。眼線則按照基本方法（見第76頁）來補上，睜開眼睛後，眼尾就會自然呈現出魅惑貓眼線條。

POINT
3

使用染眉膏提亮眉毛顏色

由於紅唇的妝感強烈，其他部分的妝感就必須減弱，塗上顏色較明亮的染眉膏後，可以讓眉毛的印象變淡，如此一來就不會給人「妝很濃」的感覺。腮紅則維持第一層的杏色打底腮紅就OK。

PINK
誘人粉色

模特兒使用

宛如用體溫就能融化般的絕佳延展度，打造潤澤質地，完美貼合雙唇。絕妙的精緻色彩，使雙唇綻放獨特魅力的粉色。玩色訂製唇膏13 台灣售價NT1150／Celvoke

內含的潤澤油成分能鎖住肌膚水分，實現有如從肌膚透出般水潤好氣色的唇頰霜。選擇惹人憐愛的莓果粉。純真唇頰彩N PK-2 NT280／KOSE

為唇瓣打造醇厚的光澤，染上花卉色調的唇彩。添加天然有機團扇仙人掌油，展現水漾光澤美唇。花瓣精華唇膏204 ¥2800／to/one

BEIGE
優雅裸色

模特兒使用

搭配擴散反射粉末，創造出水潤飽滿的光澤感。閃耀珠光的溫暖裸色唇蜜。Clé de Peau Beauté BRILLANT À LÈVRES ÉCLAT奢華艷光唇晶蜜2溫暖水晶 台灣售價NT1300／資生堂國際

澄淨的色澤，展現水漾光澤美唇。帶有些許暖色調紅感，洗鍊時尚的棕膚色。輕透粉潤口紅PURELY STAY ROUGE BE-237 台灣售價NT890／佳麗寶化妝品

純粹顯色和輕盈質地。輕輕一抹，打造成熟女性的絕對美唇。襯映大人膚色的絲滑裸粉色。晶采豔色唇膏EXTRA GLOW LIPSTICK 11 台灣售價NT1500／SUQQU

充滿活力的色彩柔滑延展於唇部，巧妙塑造唇形，洗鍊的裸膚色。佳麗寶KANEBO INTENSE CRAYON ROUGE ¥3500／KANEBO Global

RED
經典紅色

模特兒使用

清晰鮮明的色彩，如天鵝絨般的順滑質感，打造光澤美唇。展現出高貴印象的霧面古典紅。STICK ROUGE 04 ¥4400／Les Merveilleuses LADURÉE

輕輕一抹，即可打造由內綻放的紅潤感，雙層色彩構造唇膏。帶點時尚黃色系的石榴紅。果凍夾心唇膏RD460 台灣售價NT380／KOSE

越擦越滋潤的保濕唇膏，廣受好評。天然礦物色澤，不含人工色素，呈現華麗精緻的成熟紅色。靓灩礦物唇膏古典紅 台灣售價NT1280／ETVOS

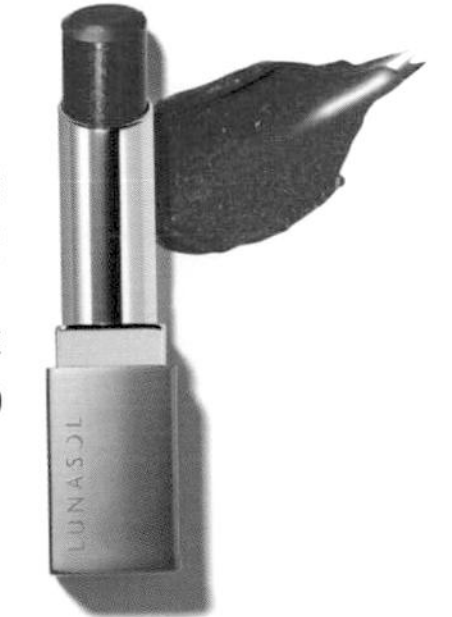

奶油般的輕柔質感，鮮明的紅色調展現充滿女人味的魅力雙唇。LUNASOL晶巧星采唇膏04 台灣售價NT1050／佳麗寶化妝品

SOFT BROWN
暖棕紅色

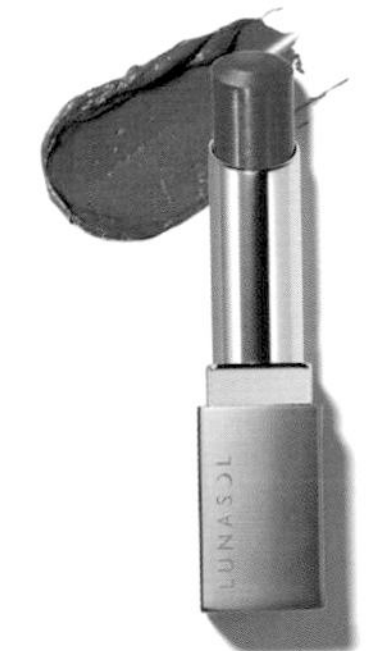

模特兒使用

明亮輕盈的色調搭配柔光質感，柔和服貼雙唇，純淨質地展現理想中的顯色效果。微帶紅色調的棕色唇彩，打造成熟洗鍊風格。LUNASOL晶巧星采唇膏05 台灣售價NT1050／佳麗寶化妝品

兼具水潤感和鮮豔的發色效果，展現光澤美唇，一款帶著強烈紅色調的棕色唇膏。ASTALIFT Flarosso唇膏OR01 ¥3520／日本富士

隨手一抹，就能擁有明亮飽和的魅惑美唇。飽滿的水光潤澤感，實現豐厚的性感雙唇。富含高度保濕成分，展現出美麗沉穩的裸棕色。原色光感唇膏BE858 ¥3500／黛珂DECORTE

唇膏有如天鵝絨般覆於雙唇，長時間維持高顯色度與水潤感。完全服貼於肌膚的粉棕色。STICK ROUGE 02 ¥4400／Les Merveilleuses LADURÉE

一點也不難！
現在記起來，化妝時就會自然浮現～

長井香織化妝術專用術語

我的學員們在化妝特訓時應該常聽到，令人印象深刻的「好感美肌妝專用語」。只要記起來，從妝前保養到完妝的所有技巧都不會遺漏，本篇就為大家整理書中所有使用過的術語。

【扮醜臉】

不僅在肌膚保養時，塗毛孔遮瑕飾底乳時也需要作出「醜臉」。例如眼睛向上看，讓保養品可以塗抹到眼瞼邊緣，將人中拉長就能更全面填補毛孔等，為了完成最美的妝容，這個步驟超級重要。

使用技巧頁面
肌膚保養（Ｐ28），毛孔遮瑕飾底乳（Ｐ36）

【光澤肌】

肌膚保養結束，用手背貼在臉上確認肌膚狀態時，能感受到肌膚會稍稍吸附手背，好像會被「帶走」一般的彈潤水嫩感。

使用技巧頁面
肌膚保養（Ｐ29）

【輕輕地】

表現「溫柔輕觸」的詞彙。使用指腹輕輕碰觸。在推勻粉色妝前乳，或拭去多餘的睫毛打底膏時的特別做法。

使用技巧頁面
粉色系妝前乳（Ｐ35），睫毛打底膏（Ｐ73）

【全方位塗法】

以使出渾身解數、絕不掉以輕心的氣勢來上妝。對付臉上的毛孔時，以指腹畫螺旋狀的方式來塗抹毛孔遮瑕飾底乳。

使用技巧頁面
毛孔遮瑕飾底乳（Ｐ36）

【印籠抓取法】

用五根手指將海綿完全抓取，方便以海綿垂直接觸肌膚。時代劇「水戶黃門」的經典場景令我印象深刻，擔任家臣的格之進，當時他以整隻手抓著葵紋印籠，並且震懾住惡人，那和我抓取海綿的方式相同，因此才使用這個稱呼。

使用技巧頁面
粉底液（Ｐ40）

【交界處】

指在「粉底液區和其他區域」、「腮紅區和其他區域」的交界部分。如果能將交界處塗得均勻，就能讓妝感更自然服貼。

使用技巧頁面
粉底液（Ｐ41），打底腮紅（Ｐ45），腮紅（Ｐ98）

【鹽】

我將使用在抑制皮脂分泌時的一般蜜粉稱為「鹽」。顆粒非常細緻，質感清爽，能夠有效吸附皮脂以及水分。若想讓蜜粉更服貼肌膚的話，使用粉撲時要將它摺起來之後再上妝。

使用技巧頁面
一般蜜粉（Ｐ52）

【糖】

我將給予肌膚潤澤與光澤感的礦物蜜粉稱為「糖」。礦物蜜粉中含有油的成分，能夠賦予肌膚滋潤與光澤。推薦購買附贈蜜粉刷的商品，因為要能恰到好處地撲上一層薄薄的礦物蜜粉，目前除了使用蜜粉刷之外別無他法。

使用技巧頁面
礦物蜜粉（Ｐ52）

【防波堤】

為了防止眼線與睫毛膏暈染到眼睛下緣，要先在下眼瞼的邊緣撲上蜜粉打底。在臥蠶以及下眼瞼睫毛邊緣處，使用小支的平筆刷沾上一些蜜粉，輕輕放上去。

使用技巧頁面
一般蜜粉（Ｐ55）

【完全抹開】

在眼下用蜜粉打造「防波堤」、塗抹下眼瞼的眼影、處理唇妝的邊緣等都要使用的技巧，不只是塗上去而已，接著還要用乾淨的指腹輕輕抹開，如此一來就能避免脫妝，打造出完美妝容。

使用技巧頁面
一般蜜粉（P55），眼影（P67），唇妝（P101）

【V字掃除】

指的是刷上礦物蜜粉後，將殘留在肌膚表面多餘的蜜粉掃除的步驟。如同寫「V字」一般，用刷子在肌膚上進行掃除。要切記，這個技巧禁止使用在美肌部位。

使用技巧頁面
礦物蜜粉（P58）

【調色】

上彩妝時，一定要先在手背上調色後再上妝。若是直接上妝，就連專業彩妝師也會失敗。妝一畫上去之後就無法「倒帶」，但可以透過重複蓋上去讓妝變濃，因此，先養成在手背上調色之後再上妝的習慣吧。

使用技巧頁面
眼影（P65），腮紅（P97）

【輕按放置】

使用眼影棒單面整個沾取眼影，輕巧如同「放上去」一般的手法。在臥蠶擦上明亮色系的眼影，在下眼瞼的眼尾畫上奶茶棕色，或是想在下眼瞼補上彩色眼影時使用的方法。推薦使用細長的眼影棒來進行。

使用技巧頁面
眼影（P67）

【抬手肘翻轉手腕】

使用睫毛夾，將睫毛夾至最捲翹的祕訣。將手腕幾乎翻至完全朝向天花板的程度，就是翻轉手腕的最大程度。翻轉手腕時，以慢慢將手肘抬高的方式，確實將睫毛夾到最棒的捲度！

使用技巧頁面
睫毛夾（P73）

【捨棄區域】

「不需要處理的區域」稱為「捨棄區域」。學會分辨捨棄區域，就能省下更多時間與力氣。

使用技巧頁面
睫毛夾（P73），眼線（P81）

【折彎30度】

將染眉刷以及螺旋形睫毛刷的刷頭都凹折30度之後再使用。這個角度才是能夠貼合臉部曲線的最佳角度，能夠絕妙的將眉毛與睫毛上色。

使用技巧頁面
睫毛膏（P83），染眉刷（P89），染眉膏（P91）

【借粉造影】

稍微從眉毛「借」一點眉粉至眉頭，打造出鼻影。使用日本搞笑藝人「加藤茶」的經典手勢，用指腹將鼻頭的陰影推勻，將這個方法簡短命名為「借粉造影」，為在眉毛至鼻子之間打造一體感的陰影輪廓的重要詞彙。

使用技巧頁面
眉彩（P90）

【擺將棋式畫法】

用棋士下將棋時的手勢來拿取腮紅刷，是以將刷頭壓平後輕輕壓上腮紅的方式。上杏色以外顏色的腮紅時，用這個方式簡單就能畫出橫長形腮紅。記住手拿腮紅刷時必須握得很前面才好畫。

使用技巧頁面
腮紅（P98）

BEAUTY COLUMN

4

得到了絕不脫妝的技巧，真的不必帶補妝工具出門了？

我的化妝術中非常重視「不脫妝」這一點。如果各位確實地按照每個步驟做的話，午休或下班後去照鏡子就會發現「咦？好像不太需要補妝耶」。是不是很令人振奮呢？

而我外出前，實際上會放入隨身包的補妝用品只有3種。一是保濕香膏，可以代替護唇膏，用於眼下乾燥、指緣周圍保養、整理毛躁髮尾等多方面使用；二是潤色護唇膏，也就是有顏色的護唇膏，我平時不會隨身攜帶口紅，利用護唇膏補妝時，反而會期待唇妝會產生怎樣的顏色變化。最後是鹽（蜜粉），這是要在Ｔ字部位出油時使用。在上底妝時確實做好「毛孔遮瑕飾底乳＋鹽（蜜粉）」的步驟，就幾乎可以不用補妝。精通我的這套化妝術之後，就只要隨身帶著這幾樣東西出門就可以了（笑）！希望大家也能實際體驗到這個輕盈的感受。

第3章

關於妝容的思考

讀完這篇，化妝技術立刻大增

Keys to Perfect Makeup

所謂化妝，就是

「製造錯覺的技術」

到這裡為止，我想我已經將我擁有的化妝技巧都確實傳授給各位了。最後，請再聽我說幾段話。

最初，我在本書開頭的一篇〈學化妝也需要刻意練習〉提到，「要展現出最美的妝容必須要學會正確化妝技巧」以及「化妝有必須加強與可以省略的部分」。就像這樣，重新學習化妝技術，不斷反覆鍛鍊之後，我想有些人已經注意到：「化妝的精髓就在於掌握臉部留白這件事。」我想，這就是最終的答案。化妝畢竟是一門「製造錯覺的技術」。

簡單地說，只在美肌部位塗抹大量粉底液，讓顴骨看起來更高，於是光源會更集中；在眉頭下方加入少許陰影讓鼻子看起來更挺，兩者都是製造錯覺的技巧。而要讓這個錯覺能停留在臉上更長久的時間，可以透過「美容整形」和「微整形」，在皮膚上切割、縫起、打入玻尿酸等，使用各式各樣的方式打造出美麗的臉蛋。

在眉頭下方打暗，就會產生距離縮短的錯覺，臉部五官就會給人集中的印象，也是美人的必要條件之一。

「但是，我還是無法去動刀整型……」大部分的人都是這樣。如果仔細思考，不覺得化妝的效果也相當接近於整形嗎？想要把眼睛變大、臉變小、讓鼻子變挺等等，想要變美麗的欲望是無止盡的，而只要掌握化妝技巧，很容易就能變身美人，這就是化妝的趣味，也是醍醐味。所謂化妝，就是藉由「掌握臉部留白」來「引起錯覺」。藉由操作光影，做出高低差，調整距離感等等，就能立刻改變給人的印象。

首先，「操作光影」這件事，以我的化妝術來說，就是使用粉色妝前乳塗抹在眼周，使其變得明亮，以及使用棕色眼影打造深邃雙眸等步驟。

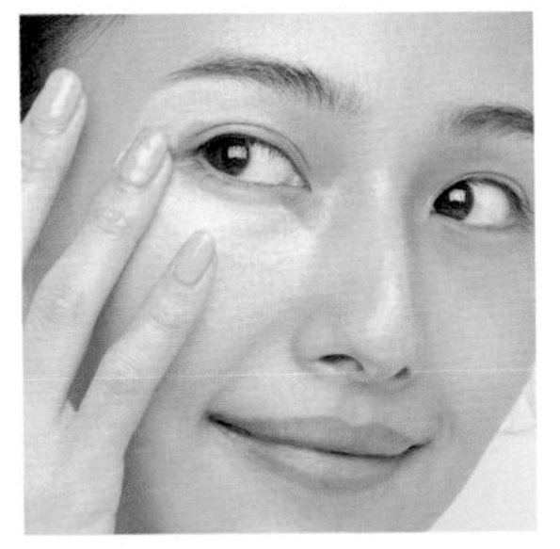

使用粉色妝前乳，輕輕覆蓋充滿暗沉的眼周，就會立刻有提亮效果。

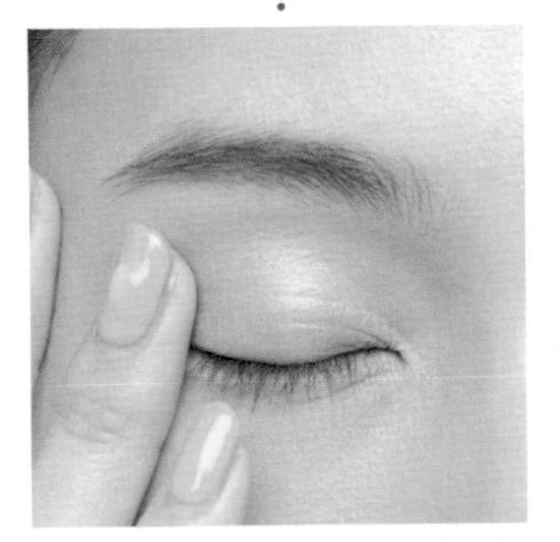

擦上棕色眼影是為了製造眼部輪廓的陰影，透過調整明暗位置，就會產生立體感。

接著，打造這套「好感美肌妝」的技巧就是「做出高低差」。經常可以聽到顴骨高是成為美人的條件，因此我們在基礎底妝時就進行這個部分。藉由改變粉底液塗抹的量與區域，做出高低差，高的地方（塗抹大量粉底液的部分）光線自然而然就會集中，低的地方（只塗了薄薄一層的部分）因為相對比較難照到光線，自然會產生陰影。而打造出陰影之後，就會產生小臉的效果。

最後是「調整距離感」，因為五官偏向集中也是成為美人的條件之一。在我的化妝術語裡也有提到的「借粉造影」，就是代表性的技巧之一。從眉頭借顏色，稍微讓眉頭下方的凹陷處變暗，讓雙眼的距離視覺上縮短。如此一來，就會變成五官向中央集中的臉蛋。此外，按照眼型，畫上一條眼線或重疊兩條眼線這個步驟，也可以說是縮短上眼皮與眉毛距離的技巧。

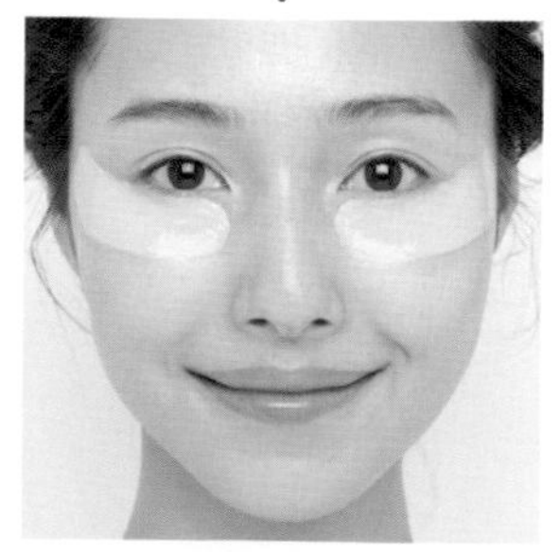

顴骨高是美人的條件。在美肌部位塗上大量粉底液，讓光線集中，臉也更顯得立體。

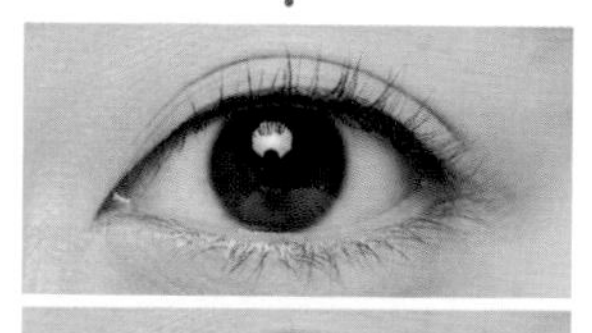

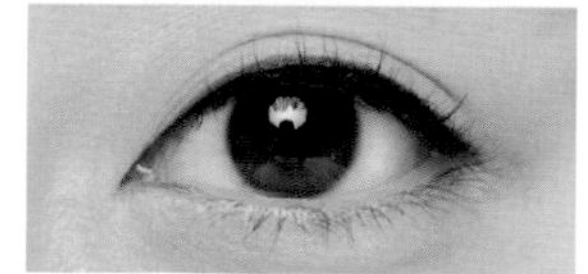

再加上一條眼線，不只增加線的存在感，也讓眼睛與眉毛之間距離更近了。

大家理解了嗎？「我不喜歡我的單眼皮、我的鼻樑不夠挺所以只能這樣……」別再擔心了！與你「原本的面貌」無關，化妝是透過調整臉部的留白，例如哪裡要提亮、哪裡應該作出陰影，打造出高低差，營造讓臉部整體更美麗的距離等，更接近所謂「大眾喜愛的臉蛋」。

而且，並沒有所謂魔法般的化妝品，只要好好學習化妝技巧，就能夠簡單地將自身的「美麗」展現出來。我所使用的化妝技巧，到這裡已經全數教授了，從今天開始，大家一定要好好練習化妝，找到更美麗的自己。

結語

CONCLUSION

我的「好感美肌妝」不分年齡、流行、場合，是為了讓想變得更閃耀動人的大家而生的百搭妝容。從擔任化妝品專櫃人員到成為彩妝師至今，我比任何人都看得更多、接觸過更多渴望變得美麗的人——這也是我身為彩妝師的信心來源。而想透過化妝變得更美，實際上該怎麼做呢？我從服務無數客戶的經驗中，思考、分析、統計、整理出了一套化妝術，就是本書所介紹的「好感美肌妝」。

我所教授的「化妝特訓」中，不論什麼類型的人參加，傳授的內容都是一致的，我的目標是即使課程結束了，每個人也都能靠自己呈現出閃耀動人、美麗自信的一面。而我也不斷看著學員們一一畫出「自己史上最棒的妝容」，並且心滿意足地離去。只要學會最正確的化妝技巧，任何人都一定會注意到自己「還有能變得更美的可能」，我百分之百確信這件事。

不能在外型上變成「內心憧憬的對象」又有什麼關係呢？你有著屬於你的美麗。如果你能因為本書所介紹的化妝技巧，開始散發出專屬自己的光芒，不是為了討好他人，而是能夠讓自己更喜歡自己的話，這將會是身為彩妝師的我無上的喜悅。

本書集結了我透過無數經驗整理出的「適合所有人的化妝技巧」。例如，為什麼要在這裡補上眼線呢？為什麼要把鏡子拿遠呢？我在書中也一個個解說使用這些技巧的原因和目的，透過傳達化妝的本質，希望能提供對化妝新手、高手都有用的資訊。化妝並不是隨意就好，而是在化妝的當下就要去意識到，為了畫出這樣的效果，需要使用哪些技巧來達成。了解技巧的目的之後，完妝時一定會有如天壤之別。

用雙手打造自己「史上最美的妝容」吧！

不必羨慕他人，

因為你有屬於自己的美麗，

每天、每天，努力找到它！

長井香織

台灣廣廈國際出版集團
Taiwan Mansion International Group

國家圖書館出版品預行編目（CIP）資料

大人の彩妝課〔完全圖解版〕：暢銷突破15萬冊！不褪流行、不分造型、不限化妝品，天后級彩妝師的「好感美肌妝」／長井香織作；彭琬婷譯. -- 新北市：瑞麗美人, 2020.10
面； 公分(Ray beauty ; 27)
ISBN 978-986-98240-5-7(平裝)

1. 化粧術

425.4　　109011882

瑞麗美人

大人の彩妝課【完全圖解版】

暢銷突破15萬冊！不褪流行、不分造型、不限化妝品，天后級彩妝師的「好感美肌妝」

作　　者／長井香織
攝　　影／城 健太
造　　型／川嵜香織
模 特 兒／石川理咲子、福田明子、菅 未緒、ステラ ハンセン、齋藤りょう子、中原瑞帆、河津美咲
插　　畫／ちばあやか
設　　計／宗野 梢（La Chica）
編集協力／前田美保
Special Thanks／寺本衣里加

編輯中心編輯長／張秀環
編輯／彭文慧
翻譯／彭琬婷
封面設計／林珈伃
內頁排版／菩薩蠻數位文化有限公司
製版・印刷・裝訂／東豪印刷有限公司

行企研發中心總監／陳冠蒨
媒體公關組／陳柔彣
綜合業務組／何欣穎
線上學習中心總監／陳冠蒨
產品企製組／黃雅鈴

發 行 人／江媛珍
法律顧問／第一國際法律事務所 余淑杏律師・北辰著作權事務所 蕭雄淋律師
出　　版／瑞麗美人
發　　行／台灣廣廈有聲圖書有限公司
地址：新北市235中和區中山路二段359巷7號2樓
電話：（886）2-2225-5777・傳真：（886）2-2225-8052

代理印務・全球總經銷／知遠文化事業有限公司
地址：新北市222深坑區北深路三段155巷25號5樓
電話：（886）2-2664-8800・傳真：（886）2-2664-8801
郵政劃撥／劃撥帳號：18836722
劃撥戶名：知遠文化事業有限公司（※單次購書金額未達1000元，請另付70元郵資。）

■出版日期：2020年10月
■初版2刷：2022年4月
ISBN：978-986-98240-5-7
版權所有，未經同意不得重製、轉載、翻印。

《KANZEN BIJUARU-BAN TEKUNIKKU SAE MI NI TSUKEREBA、「KIREI」WA MOTTO HIKIDASERU NENDAI・RYUUKOU・BASHO O TOWANAI「ISSHOU-MONO NO KOUKANDO MEIKU」》
© Kaori Nagai 2018 All rights reserved.
Original Japanese edition published by KODANSHA LTD.
Complex Chinese publishing rights arranged with KODANSHA LTD.
through Keio Cultural Enterprise Co., Ltd.
本書由日本講談社正式授權，版權所有，未經日本講談社書面同意，不得以任何方式作全面或局部翻印、仿製或轉載。